Die Originalausgabe erschien unter dem Titel
»Mon premier copain des bois« bei MILAN.

In neuer Rechtschreibung

Aus dem Französischen von
Sabine Müller

Einband: Heinz-Helge Schulze

1. Auflage 2003

ISBN 3-401-08258-2

Renée Kayser

Mein erstes Buch von Wald und Wiese

Illustrationen von
Ginette Hoffmann
Catherine Fichaux
Jean Grosson
Hélène Appell-Mertiny

EDITION BÜCHERBÄR

INHALT

1 – IM WALD 6

2 – VOGELWELT 54

3 – AUF WIESEN UND IN HECKEN 79

4 – AUF VIER BEINEN 98

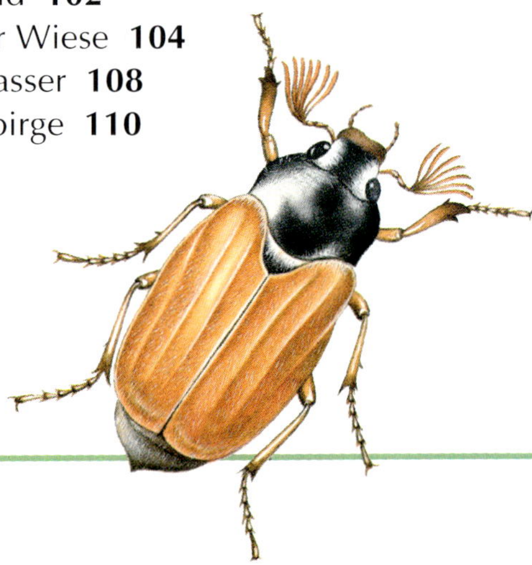

5 – DIE WELT DER KLEINEN LEBEWESEN 114

7 – WASSER 161

6 – SONNE, REGEN, WIND 146

1 – IM

Pitsch, patsch, es regnet,
Schau, was dir begegnet,
Im grünen, gelben Wald,
Ist es grau, braun oder rot,
Ist es lebendig oder tot?

WALD

raublau, das Dämmerlicht,
eller Mond und gute Sicht
ı geheimnisvollen Wald.
ennt es weg?
leibt es stehen?
annst du's sehen?

Die Ausrüstung

Zieh dir bequeme Kleidung an! Jeans und Turnschuhe sind das Richtige für deine Streifzüge durch den Wald. Bei Regenwetter gehst du am besten in Gummistiefeln los. Musst du durch Dickicht hindurch? Dann zieh eine Jacke über! Im Sommer genügt ein T-Shirt. Aber im Herbst kann es plötzlich regnen, auch wenn das Wetter erst schön ist.

Mit allen Sinnen

Lausche, beobachte, schnuppere, fühle. Aber Vorsicht! Nicht alles ist essbar.

Schatzsuche

Auf deinen Streifzügen wirst du allerlei finden: hübsche Steine, Tannenzapfen, Moos, Eicheln . . .
Nimm einen kleinen Plastikbeutel mit, um deine Schätze darin zu sammeln. Wenn der Beutel voll ist, schüttest du den Inhalt einfach in deinen Rucksack.

Pssst!

Achte die Stille im Wald! Die Tiere zeigen sich nur, wenn du sie nicht durch Lärm erschreckst. Ein unbekanntes Land voller Wunder erwartet dich . . .

Das Leben der Bäume

Im Herbst fallen die Früchte der Eiche von den Zweigen. Sie heißen Eicheln und werden gerne von Waldtieren gefressen. Manche bleiben auch liegen und keimen im Frühjahr. Zuerst bohrt sich eine Wurzel in die Erde, dann treibt ein Stängel aus. Er wächst und wächst und bekommt dann die ersten Blätter.

Viel trinken

Das Bäumchen braucht sehr viel Wasser. Im Garten wird es gegossen. Im Wald wartet es auf Regen.

Der zarte Sprössling

Am Anfang ist der Baum kleiner als du. Aber er wird sein ganzes Leben lang wachsen. Er ist noch sehr empfindlich. Ein Reh könnte ihn wegknabbern. Pass gut auf, dass du ihn nicht zertrittst!

Das Nest

Das Bäumchen ist tüchtig gewachsen. Zum ersten Mal haben Vögel ihr Nest in seiner Krone gebaut.

Groß geworden

Lege deine Hand an seinen Stamm. Die Rinde ist hart und rau. Stemm dich gegen ihn: Er biegt sich nicht. Aus dem Bäumchen ist ein Baum geworden.

Weiterwachsen

Das Bäumchen ist noch nicht alt. Trotzdem sterben die unteren Äste ab und fallen herunter. Aber weiter oben wachsen neue Äste und strecken sich zum Himmel.

Baumkinder

Wenn du dich unter großen Bäumen umsiehst, entdeckst du ihre Keimlinge. Das sind die Baumkinder. Nicht immer gleichen sie ihren Eltern. Sie wachsen aus dem Samen des Baumes, wenn dieser auf den Boden gefallen ist und dort gekeimt hat.

Ahorn

Ahornblätter sind gezähnt. Doch die ersten Blätter der Keimlinge haben noch keine Zacken.

Kastanie

Die Edelkastanie hat gekeimt. Ein kleiner Kastanienbaum beginnt zu wachsen.

Birke

Junge Birken haben dieselben Blätter wie die großen.

Eiche

Der Keimling der Eiche ist hellgrün. Er entwickelt sich aus einer Eichel.

Buche

Die ersten Blätter eines Buchenkeimlings entfalten sich.

Kiefer

Kiefern wachsen aus den Samen in den Kiefernzapfen. Schon die Keimlinge haben Nadeln.

Wildkirsche

Junge Wildkirschen haben dieselben Blätter wie die Kirschbäume im Garten.

Der Baum gibt Wasser ab

Bäume trinken, indem sie mit ihren Wurzeln Wasser aus dem Boden aufnehmen. Als Pflanzensaft steigt es bis in die Blätter. Dort verdunstet ein Teil davon: Die Bäume schwitzen. Sie scheiden Wasser aus wie du. Mit einem Unterschied: Du schwitzt nicht nur, sondern scheidest einen Teil des Wassers als Pipi aus. Bäume können kein Pipi machen!

1) Bei schönem Wetter stülpst du morgens eine Plastiktüte über die Blätter an der Spitze eines Zweigs und schnürst die Tüte fest zu.

2) Am folgenden Tag kannst du sehen, was passiert ist: In der Plastiktüte haben sich Wassertropfen gebildet. Es ist das Wasser, das die Blätter ausgeschwitzt haben.

3) Gieße das Wasser aus der Tüte in ein Gefäß. Wie viel Wasser erhältst du wohl, wenn du das verdunstete Wasser von allen Zweigen auffängst?

Wie hoch ist der Baum?

Bäume sind hoch. Doch wie kann man ihre Höhe messen? Entferne dich vom Baum! Bleib ab und zu stehen und schau zwischen den Beinen hindurch. Markiere nun die Stelle, an der du den Wipfel zwischen deinen Beinen siehst.

Die Strecke zwischen der markierten Stelle und dem Stamm ist so lang, wie der Baum hoch ist. Du brauchst sie nur noch zu messen.

Jedes Stockwerk ist bewohnt

Ein Baum hat wie ein Haus mehrere Stockwerke. Er ist voller großer und kleiner Bewohner: Säugetiere, Vögel und Insekten. Jedes Tier hat seinen Platz, meistens zumindest. Manchmal gibt es auch Streit, aber nicht lange.
Das Angebot an Nahrung in einem Baum ist vielfältig. Zum Glück hat jeder Bewohner seinen eigenen Speiseplan.

Die Amsel singt, dann hüpft sie auf den Boden, um eine Raupe oder eine Ameise zu picken.

Der Specht klopft mit seinem Schnabel ein Loch in den Stamm. Er jagt nach Insekten, die sich unter der Rinde verbergen.

Hirschkäfer

Der Hirschkäfer leckt den Saft aus kleinen Kratzern in der Eichenrinde. Seine Eier legt er in morschen Zweigen ab, die auf dem Boden liegen.

Eichhörnchen

Hoch oben in den Zweigen hat das Eichhörnchen sein Nest gebaut. Es sammelt die reifen Eicheln.

Eichelhäher

Der Eichelhäher frisst auch gerne Eicheln. Aber er isst auch andere Früchte und stiehlt die Eier kleinerer Vögel.

Das Geheimnis der Knospen

Im Winter hat der Laubbaum keine Blätter mehr. Ganz kahl steht er in der Kälte.

Ist er tot?

Nein, es ist nur, als würde er schlafen. Sobald es wärmer wird, erwacht er und treibt neue Zweige und Blätter. Du möchtest wissen, wie.

Das ist ein Geheimnis, das in den Knospen steckt.

Zweige und Knospen

In den ersten Frühlingstagen pflückst du einen kleinen Zweig von einer Rosskastanie. Dem Baum tut das nicht weh. Jetzt kannst du die verschiedenen Knospen am Zweig aus der Nähe betrachten.

Die größte Knospe sitzt immer an der Spitze des Zweigs. Dunkelbraune Schuppen liegen übereinander und schützen die Knospe. Wenn du wissen willst, was unter den Schuppen verborgen ist, musst du die Knospe aufschneiden.

Schwierige Operation!

Bitte einen Erwachsenen um Hilfe. Er soll die Knospe mit einem scharfen Messer oder einem Cutter der Länge nach aufschneiden.

Im Wasser

Stelle einen Zweig mit einer Knospe in ein Glas mit Wasser. Wenn du das Glas an einen sonnigen Fensterplatz stellst, spürt die Knospe die Wärme und geht auf.

Mit einer Lupe kannst du nun winzige, säuberlich ineinander gestapelte Blätter erkennen. In ihrer Mitte findest du vielleicht noch etwas Besonderes: eine winzige Blüte.

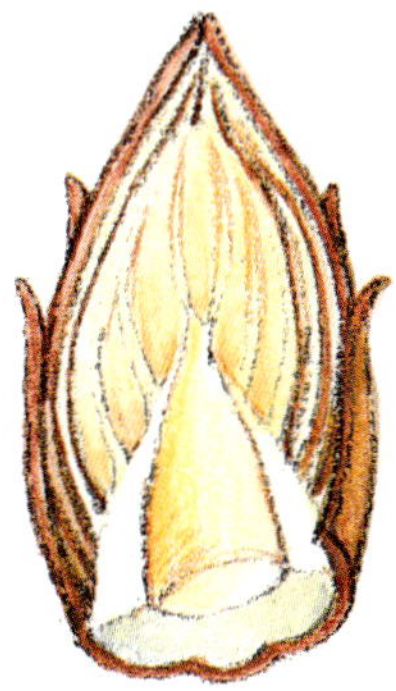

Die Knospe springt auf

Wenn die Sonne im Frühling stärker scheint und die Tage wärmer werden, springen die Knospen an den Bäumen plötzlich auf. Die Ursache dafür ist der Pflanzensaft, der im Baum von den Wurzeln aufsteigt.

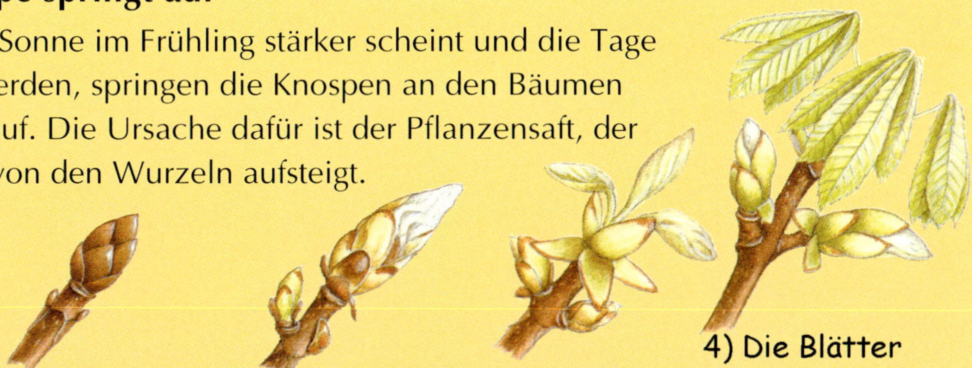

1) Die Knospe streckt sich.

2) Die Schuppen lösen sich.

3) Blätter entstehen: der junge Trieb.

4) Die Blätter entfalten sich und wachsen.

Sterben, faulen, ernähren

Verdorrte Blätter, morsche Äste, manchmal sogar ganze Stämme fallen zu Boden. Sie werden vom Regen durchnässt. Das nasse Holz wird weich.
Hamm . . . hamm . . . Insekten, Raupen und Nacktschnecken finden einen reich gedeckten Tisch. Munter knabbern sie drauflos. Das alte Holz zerkrümelt wie Sägemehl.
Das Laub verrottet. Der Moder riecht gut, ein wenig wie Pilze. Nach und nach mischt sich der Moder mit Erde und wird zu Humus. Dieser Humus ernährt Blumen, Kräuter und kleine Bäume.

Vielfraße

Hmm! Holz schmeckt lecker. Und hier, in diesem feuchten Stamm, ist es ganz zart. Zu Tisch! Und bitte keinen Streit, es gibt genug für alle. Doch Achtung! Nirgends hat man seine Ruhe. Vögel machen Jagd auf uns und wollen uns verschlingen. In ein paar Jahren wird vom Stamm nichts mehr übrig sein. Die Vielfraße werden ihn aufgefressen haben.

Sterben

Ein Baum ist abgestorben. Der morsche Stamm liegt am Boden. Die ersten Bewohner ziehen ein.

Faulen

Es regnet. Die Insekten kauen am Stamm und bohren Löcher über Löcher in das verrottende Holz.

Ernähren

Der alte Stamm bietet riesige Nahrungsvorräte. Insektenlarven kommen in einer richtigen Speisekammer zur Welt!

Der Baum und seine Rinde

Bäume sind der Kälte, dem Regen und den Insekten nicht schutzlos ausgesetzt. Eine Rinde schützt sie. Wenn die Rinde verletzt ist, kann der Baum sterben. Aber häufig heilt die Wunde und es bleibt nur eine Narbe zurück. Jede Baumart hat eine andere Rinde. Die Rinde der Eiche ist rau. Die Rinde der Birke ist weich und weiß. Die Rinde der Platane löst sich in kleinen Stücken ab.

Umarme den Stamm eines jungen Baumes. Seine Rinde ist weich. Siehst du dort den großen Baum? Lege deine Wange an den Stamm: Seine Rinde ist hart und kratzt.

In den Ritzen

Die Rinde bietet vielen Insekten ein Zuhause. Sie benötigen nur wenig Platz. Sie wohnen in den Ritzen und legen dort auch ihre Eier ab.

Am Fuß des Baumes

Der Baum spendet sich selbst Schatten. Um seinen Stamm am Boden hat das Moos einen kleinen, feuchten Platz gefunden, auf dem es zu einem Moospolster heranwächst.

Am Fuß des Baumes tummeln sich Ameisen, Käfer und jede Menge anderer kleiner Insekten.

Tagsüber versteckt sich Frau Nacktschnecke darin. Dort ist es schön kühl. Nachts kommt sie heraus. Wenn man der weißen Schleimspur folgt, kann man sehen, wohin sie gekrochen ist.

Ein Unterschlupf

Ein Ast hängt fast bis auf den Boden herab. Lege ein altes Betttuch über ihn und befestige es mit Steinen am Boden. Schon hast du einen Unterschlupf. Wenn du keinen herabhängenden Ast findest, suche zwei Bäume, die dicht nebeneinander stehen. Lege einen Stock zwischen zwei Astgabeln und baue damit deine Hütte.

Die Baumarten

Es gibt viele Bäume und alle sind verschieden. Wie bei Kindern gleicht keiner dem anderen. Aber manche Bäume ähneln sich. Sie stammen aus derselben Familie, haben denselben Namen. Wer die Namen der Bäume kennt, hat viel Spaß und es ist gar nicht schwer, die Baumarten voneinander zu unterscheiden. Sieh dir ihre Blätter an, sie helfen dir dabei.

Eiche

Die Eiche ist die Königin des Waldes. Sie breitet ihre gewaltigen Äste weit aus. Du kannst sie leicht an ihren gelappten Blättern erkennen. Mit ihren Früchten, den Eicheln, ernährt sie viele Waldbewohner.

Buche

Ihr gerader Stamm ist glatt und grau. An ihrem Fuß, wo sie ihre gewaltigen Wurzeln ausbreitet, wächst nichts. Im Herbst lässt die Buche ihre Früchte und die goldgelben Blätter fallen. Ihre stachelige Frucht umschließt zwei dreikantige Nüsse, die Bucheckern.

Kastanie

Eindrucksvoll und schön präsentiert sich die Kastanie. Man erkennt sie an der rissigen Rinde sowie den länglichen Blättern. Vorsicht, die Schalen der Früchte sind stachelig und piken!

Kastanie

Espe

Espen gehören zur Familie der Pappeln. Ihr Zuhause ist der Wald. Beim kleinsten Windhauch zittern ihre Blätter. Im Frühling hängen viele Blüten an ihren Zweigen, die Kätzchen.

Kätzchen

Kugeln am Blatt

Hast du die Kugeln an der Unterseite der Eichenblätter gesehen? Sie heißen Blattgallen oder Galläpfel. In jeder wächst ein Insekt heran. Manchmal haben die Kugeln ein Loch, dann ist das Insekt schon geschlüpft. Wenn die Kugel noch kein Loch hat, öffne sie und schau hinein. Drinnen lebt eine Insektenlarve: die Larve der Eichengallwespe.

Die Kugeln heißen Galläpfel.

Ahorn

Ahornbäume siehst du im Wald, auf dem Feld oder in der Stadt, aber sie stehen meistens allein. Ahornblätter haben viele Zacken. Im Herbst leuchten sie gelb und rot. Der Ahorn hat Flügelfrüchte, die kreiseln wie Propeller, wenn sie vom Baum segeln.

Ahornfrucht

Birke

Birkenkätzchen

Die Birke hat eine weiße Rinde. Wenn es Frühling wird, hängen die Kätzchen, ihre Blüten, an ihren zarten und leichten Zweigen.

Wildkirsche

Vogelkirsche

Sie ist die wild wachsende Verwandte des Kirschbaums. Ihre rötlich schimmernde Rinde löst sich in Streifen ab. Ihre Früchte, die Vogelkirschen, sind dunkelrot bis schwarz.

Kiefer

Die Kiefer hat lange Nadeln. Ihr Stamm riecht stark nach Harz und beginnt erst hoch oben sich zu verzweigen. Überall an den Zweigen wachsen Kiefernzapfen.

Tanne

Die Tanne hat einen kerzengeraden Stamm und ihre Äste stehen waagerecht davon ab. Die blaugrünen Tannennadeln sind kurz und wachsen in zwei Zeilen, als wären sie gescheitelt. Tannen lieben Nebel und Frost.

Nadelbäume

Diese Bäume haben nadelförmige Blätter. Im Winter bleiben sie grün. Sie verlieren während des ganzen Jahres Nadeln, doch es wachsen immer gleich neue nach. Nur die Lärche lässt im Winter alle ihre Nadeln fallen.

Ein Fest der Farben

Im Herbst werden die grünen Blätter gelb, braun und rot. Sie fallen von den Zweigen und fliegen mit dem Wind davon. Sie wirbeln durch die Luft und tanzen im Wind. Der Wald feiert ein Fest der Farben. Lauf schnell hinaus und hole dir die schönsten Blätter!

Das Blatt der Kastanie ist elegant und wellt sich. Es ist ein hübscher Schmuck für den Boden deines Korbes.

Die leichten gelben Birkenblätter fliegen beim ersten Windhauch davon.

Der Waldboden um die Pappel leuchtet gelb von ihrem Laub.

Alle Kinder sammeln die großen Blätter der Platanen. Wo findest du die schönsten?

Ahornblatt

Die Buchenblätter sehen aus, als hätten sie sich in der Sonne gebräunt. Mit ein paar Tupfen Gelb und Rot im braunen Laub schmückt sich die Buche.

Buchenblatt

Das Ahornblatt leuchtet am kräftigsten in Gelb und Rot.

Blatt von einer Stechpalme

Die Blätter der Stechpalme bleiben grün und glänzend. Vorsicht, die Spitzen ihrer gezackten Ränder stechen wie Nadeln!

Ein raschelnder Teppich

Lauf über einen Laubteppich! Die Blätter rascheln lustig und fliegen ein letztes Mal auf.

Eichenblatt

Das Laub der Eiche wird braun und verdorrt. Doch es bleibt noch lange an den Zweigen.

Blätterbilder

Du hast die schönsten Blätter gesammelt. Sie sind noch grün oder schon gelb und rot. Sie sind rund, gezackt oder gezähnt. Zu Hause legst du deine Blätter flach zwischen die Seiten einer Zeitung und beschwerst sie mit einem dicken Buch. Nach ein paar Tagen sind die Blätter getrocknet und glatt und du kannst kleine Kunstwerke damit kleben.

Ein Stillleben

Streiche Klebstoff auf die Blätter und klebe sie in die Mitte eines festen Kartons. Um sie herum klebst du die Schätze, die du aus dem Wald mitgebracht hast: Galläpfel, Schneckenhäuser, kleine Tannenzapfen, grüne Blätter und Moos.

Klebe deine Blätter auf eine feste Unterlage.

Aus Blättern werden Tiere

Der Schmetterling und der Fisch sind aus gepressten Blättern entstanden. Sicher ist deine Blättersammlung kunterbunt. Sortiere die Blätter nach ihrer Farbe und ordne sie von hell nach dunkel.

Denk dir etwas zu den Formen und Farben deiner Blätter aus.

Spitze aus Blättern

Um eine Blätterspitze herzustellen, benötigst du ein Laubblatt. Bade es eine Woche lang in einer Schüssel voll Wasser. Dann richtest du einen dünnen Wasserstrahl auf das Blatt und tupfst mit einer Zahnbürste über die Blattoberfläche. Bald ist nur noch das Skelett aus Blattadern übrig.

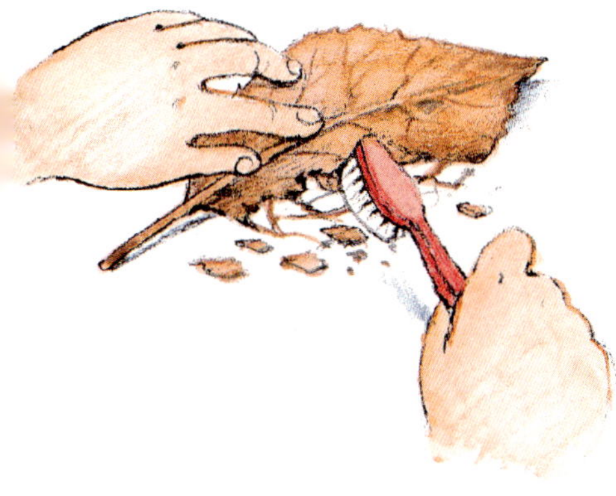

Beginne mit kleinen Blättern und versuche es später mit großen.

Pflanzen am Wegrand

Wenn du unterwegs bist, dann sieh dich gut um. Diese Pflanzen sind überall. Manche klettern, andere klammern sich fest und andere haben Dornen.

Brennnessel

Zieh Handschuhe an und nimm deine Lupe! Am Stängel siehst du winzige, durchsichtige Stacheln. Wenn sie in deine Haut eindringen, gelangt ein wenig vom Pflanzensaft der Brennnessel in deine Haut: Es brennt!

Moos

Moose wachsen in Polstern, die sich aus winzigen Moospflanzen zusammensetzen. Wenn sie sich ausbreiten, entsteht ein weicher Moosteppich.

Brombeerstrauch

Er kratzt und hält dich fest. Seine Ranken sind mit Dornen gespickt. Vorsicht, komm dem stachligen Gesellen nicht zu nahe! Der Brombeerstrauch blüht im Frühjahr, seine Früchte reifen im Spätsommer und schmecken köstlich.

Efeu

Auf dem Boden bildet er einen dichten Teppich, aber er klettert auch an Felsen und Bäumen hinauf. Dabei hält der Efeu sich mit seinen Kletterwurzeln fest. Efeublätter sind auch im Winter grün.

Flechten

Sie hängen an Ästen, überziehen Baumrinden oder Steine. Wenn du sie durch die Lupe betrachtest, kannst du ihre seltsamen Formen und ihre schönen Farben bewundern.

Klematis

Sie windet sich überall empor, wiegt sich im Wind und schon haben ihre Ranken neuen Halt gefunden, einen Zweig, den sie fest umschlingen.

Ein verlassenes Haus

Am Wegrand steht ein verfallenes Haus. Niemand wohnt mehr darin. Es ist verlassen. Jetzt sieht es aus, als wollte der Wald es verschlingen.

Der Dachstuhl ist eingestürzt. Ein kleiner Baum reckt seine Zweige durch das nackte Gebälk.

Die Tür steht weit offen, aber du solltest nicht hineingehen. Es ist sehr gefährlich. Auch außen gibt es viel zu entdecken.

Das Gebälk ist morsch, Steine haben sich aus den Mauern gelöst und liegen herum. Brombeersträucher und Brennnesseln überwuchern alles. Selbst der Weg, der früher zum Haus führte, ist kaum noch zu sehen.

Auf den Dachziegeln wachsen Moos und Unkraut, als hätte das Haus einen Dachgarten.

Obwohl niemand mehr darin wohnt, leistet das Haus weiter gute Dienste. Viele Tiere suchen Schutz darin. Wenn der Mensch verschwindet, kommt die Natur wieder zurück.

Sommerzeit ist Farnzeit

Auf deinen Streifzügen durch den Wald musst du dir manchmal einen Weg durch dicht stehende Farne bahnen. Im Sommer reichen sie dir bis an die Stirn. Um sich fortzupflanzen, bekommen die meisten Pflanzen Blüten, die dann zu Früchten werden. In den Früchten wächst der Samen, aus dem neue Pflanzen entstehen. Beim Farn ist dies anders. Er blüht nie und trägt keine Früchte.

Im Sommer

Die großen, gefiederten Blätter heißen Farnwedel. Sie wachsen an der Spitze ständig weiter und können riesig werden.

Haarige Stängel

Der Farn entrollt sich und wird größer. Überall am Stängel zeigen sich kleine Härchen.

Im Frühling

Winzige Pflänzchen kommen aus der Erde. Ihre Spitze ist schneckenförmig eingerollt wie bei einem Bischofsstab.

Im Herbst

Jetzt hört der Farn auf zu wachsen. Langsam verändert er seine Farbe und wird so braun wie das Laub.

Die Sporen

An der Unterseite der Farnwedel reihen sich hunderte von kleinen braunen Kapseln aneinander. Sie enthalten die staubfeinen Sporen. Wenn sie auf den Boden fallen, keimen neue Farne daraus hervor.

Im Winter

Der Farn ist abgestorben. Vom Wind geknickt, liegt er auf dem Boden. Aber die Wurzel lebt weiter. Bald werden neue Triebe aus dem Boden kommen.

Waldblumen

Waldblumen haben es eilig: Schnell, wir müssen keimen, wachsen, blühen! Wer wird die Erste sein? Siehst du den Farbtupfen dort? Fragst du dich, was hier duftet? Im Frühling erobern Waldblumen das Unterholz.

Veilchen

Das Veilchen blüht früh im Jahr. Es wächst besonders gern am Wegrand und blüht mehrere Monate lang.

Maiglöckchen

Im Mai überziehen Maiglöckchen den Waldboden und bilden hübsche Teppiche. Ihre Glöckchen klingen nicht, aber sie duften.

Fingerhut

Er hat einen sehr hohen Stiel, an dem purpurne Blüten aufgereiht sind, die wie große Glöckchen aussehen. Manchmal blüht der Fingerhut auch weiß. Fingerhut solltest du nicht anfassen, denn er ist giftig.

Schneeglöckchen

Der Schnee kann das Schneeglöckchen nicht aufhalten. Es wächst unter der Schneedecke und beginnt zu blühen, sobald der Schnee schmilzt.

Heide

Die Heide überzieht den Boden mit einem rosafarbenen Teppich. Im Sommer öffnet sie ihre kleinen Glockenblüten. Schnuppere ihren Duft!

Stechginster

Stechginster ist mit Dornen gespickt. Seine Blüten sehen aus wie Schmetterlinge. Sie kündigen im März das Frühjahr an.

Schlüsselblume

Wenn im Frühling der Kuckuck wieder ruft, beginnt im Wald und auf den Wiesen die Schlüsselblume zu blühen.

Ginster

Seine kleinen gelben Blüten ähneln den Blüten des Stechginsters. Ginster duftet sehr gut und sticht nicht. Bienen sammeln seinen Blütennektar.

Der Mond geht auf . . .

Die Sonne ist untergegangen. Es wird dunkel. Doch am Himmel zeigt sich der Mond. Er leuchtet in den Wald und dort ist es nicht mehr finster.

Nachtigall

Wer singt so schön? Es ist eine Nachtigall. Du wirst vergeblich nach ihr Ausschau halten, doch es lohnt sich, stehen zu bleiben und ihr zuzuhören.

Igel

Im Laub rascheln Schritte. Eine Igelfamilie geht auf Beutezug. Nacktschnecken, aufgepasst!

Waldmaus

Die Waldmaus hat schon ihr Abendessen gefunden. Sie sitzt da und knabbert an einer Eichel.

Die Dame mit Schleier

Mit lautlosen Flügelschlägen fliegt ein großer Vogel vorbei. Eine Eule ist aufgeschreckt worden. Man nennt sie Schleiereule wegen des hellen Gefieders um Schnabel und Augen.

Lichter

Im Haus auf dem Hügel wurden die Lampen angemacht. Die Fenster leuchten hell. Auch am Himmel gehen langsam die Sterne auf.

Kaninchen

Huch! Du hast es erschreckt. Das Kaninchen läuft weg so schnell es kann und du siehst nur noch seine weiße Schwanzspitze. Schade!

Glühwürmchen

Am Boden leuchtet ein Funke grünlich und weiß. Nimm das Glühwürmchen vorsichtig in die Hand, dann strahlt es weiter.

Pilze

Der Hut krönt den Fruchtkörper des Pilzes. Eine Haut schützt ihn.

Rund oder spitz? Trichter oder Trompete? Die Hüte der Pilze haben ganz unterschiedliche Formen.

Der Maronenröhrling hat unter seinem Hut viele kleine Röhrchen. Darin stecken die Samen des Pilzes: die Pilzsporen.

Der Hut wird von einem Stiel getragen. Es sieht aus, als würde er über dem Boden schweben.

Ein Pilz hat keine Wurzeln. Sein Stiel reicht in die Erde.

Wie entstehen Pilze?

Pilze tragen weder Blätter noch Blüten. Sie vermehren sich durch Sporen, winzige Samenkörnchen, die auf den Boden fallen. Die Sporen entwickeln sich zu einem unterirdischen Geflecht aus langen weißen Fäden, dem Mycelium. Auf diesem Fadengeflecht sprießen die jungen Pilze. Wenn sie alt genug sind, werden sie wieder Sporen bilden.

Ein Fliegenpilz sprießt

1) Eine Hülle umgibt den jungen Pilz. Man nennt sie Schleier.

2) Der Schleier spannt sich und platzt.

3) Reste der Hülle bleiben wie Flocken auf dem Hut zurück.

4) Auch die Manschette um den Stiel und die Volva am Stielende sind Reste des Schleiers.

5) Wenn er reif ist und seine Sporen ausgestreut hat, verfault der Fliegenpilz.

Speisepilze

Einige Pilze sind essbar und schmecken sehr gut.

Schwarzer Steinpilz

Er ist der schönste und schmackhafteste Steinpilz. Er wächst unter Eichen. Sein braunschwarzer Hut ist unter dem Eichenlaub schwer zu finden.

Steinpilz

Er ist in Eichen- und Buchenwäldern zu Hause und wächst sogar am Wegrand oder auf Lichtungen.

Kiefernsteinpilz

Er sprießt am Ende des Sommers unter Nadelbäumen. Junge Kaninchen mögen ihn sehr.

Echter Reizker

Du findest ihn meistens unter Kiefern. Er hat Lamellen unter seinem Hut.

Parasolpilz

Er mag Wiesen und lichte Wälder. Er wächst schnell und wird sehr groß, bis zu 40 cm.

Herbsttrompete

Sie ist schmackhaft und wächst in großen Gruppen. Wegen ihrer Hutform nennt man sie auch Kraterpilz.

Pfifferling

Pfifferlinge wachsen im Wald und sogar in den Bergen. Sie sind gelb und leicht zu erkennen.

Ein Sporenbild

Lege einen Pilzhut über Nacht auf ein weißes Blatt Papier. Dann hebst du den Hut hoch, ohne das Blatt zu berühren. Auf dem Blatt bleiben die Sporen zurück. Sie bilden eine Krone: das Sporenbild des Pilzes.

Pilze zum Anschauen

Der Sommer geht zu Ende und es ist warm. Ein Regenschauer hat den Waldboden durchnässt. Jetzt kommen die Pilze aus dem Boden. Sie sind braun, gelb, weiß und rot. Fass sie nicht an, einige von ihnen sind giftig. Aber zertritt sie auch nicht! Pilze sind sehr nützlich im Wald.

Fliegenpilz

Ein roter Hut mit weißen Tupfen. Schön anzusehen, aber sehr giftig.

Speiteufel

Was für ein hübscher roter Schirm auf dem weißen Stiel! Trotzdem mögen ihn höchstens Fliegen.

Grüner Knollenblätterpilz

Ein grünbrauner Hut, eine weiße Volva am unteren Stielende. Dieser Pilz ist sehr giftig.

Satanspilz

Von weitem sieht er aus wie ein Kiefernsteinpilz. Aber siehst du seinen rötlichen Stiel? Nicht anfassen!

Weißer Knollenblätterpilz

Er ist mit dem Grünen Knollenblätterpilz verwandt und wie dieser sehr giftig. Ihn zu verspeisen kann sogar zum Tode führen.

Schleierling

Er wächst in Gruppen und bildet eine große Pilzfamilie, aber er ist nicht essbar.

Trichterling

Er schmückt den Wald mit seiner hübschen Farbe. Lass ihn einfach stehen.

Riesenrötling

Noch ein sehr giftiger Pilz. Wenn du ihn berührst und an den Fingern leckst, wirst du krank.

Vorsicht giftig!

Es gibt viele giftige Pilze und man muss lernen sie zu unterscheiden. Ihr Gift macht krank. Von einem giftigen Pilz bekommt man schreckliche Bauchschmerzen und kann sogar an der Vergiftung sterben.

Süßes am Wegrand

Du hast einen roten Farbfleck entdeckt. Es ist eine kleine Erdbeere. Sieh mal, unter den Blättern wachsen noch mehr! Walderdbeeren sind winzig, aber sie schmecken herrlich. Am besten du sammelst mehrere in deiner Hand und steckst sie alle auf einmal in den Mund.

Sie sehen aus wie Himbeeren, aber sie sind schwarz. Kannst du sie pflücken, ohne dich zu stechen? Brombeeren wachsen an Ranken, die mit Dornen gespickt sind.

Nicht alle Früchte sind essbar!

Gib Acht, nicht alle kleinen Früchte, die du draußen findest, sind essbar. Und selbst die essbaren können von Parasiten befallen sein und dir schaden.

Diese Früchte darfst du naschen:

Du findest sie an Hecken, im Gebüsch, auf dem Boden und auf Bäumen.

Diese Früchte sind nur für die Vögel:

Frage immer einen Erwachsenen, bevor du von etwas naschst, das du am Weg findest. Die Früchte könnten giftig sein wie diese:

Jedes Tier hat eine Spur

Nach dem Regen ist das Erdreich aufgeweicht. Deine Füße hinterlassen Abdrücke. Wenn der Boden trocknet, bleibt deine Spur zurück. Auch Tiere hinterlassen Spuren.

Eichhörnchens Mahlzeit

Die Kiefernzapfen am Fuß der großen Kiefer sind angenagt. Ein Eichhörnchen hat an ihnen geknabbert. Jetzt schläft es wahrscheinlich in den Zweigen.

Eine Feder vom Eichelhäher

Eine blaue Feder liegt am Weg. Sie stammt nicht von einem Indianer, ein Eichelhäher hat sie verloren.

Kaninchenkot

Ein Haufen Kaninchenkot! Das muss eine ganze Familie gewesen sein.

**Eulen-
dreck**

Es ist grau, trocken und voller Haare. Es ist kein Kot, sondern das Gewölle, das eine Eule herauswürgt, nachdem sie eine Waldmaus verspeist hat. Mehr ist von der Maus nicht übrig: nur Haut und Knochen.

Schneckenspur

Woher stammt die glänzende Spur im Moos? Eine Schnecke ist hier entlanggekrochen. Sie schiebt sich auf ihrem Schleim über den Boden. Hinter ihr trocknet der Schleim.

Spuren im Schnee

Es ist kalt und der Schnee liegt hoch. Große Tiere sinken darin ein. Kleine hinterlassen ihre Spur auf der weißen Schneedecke.

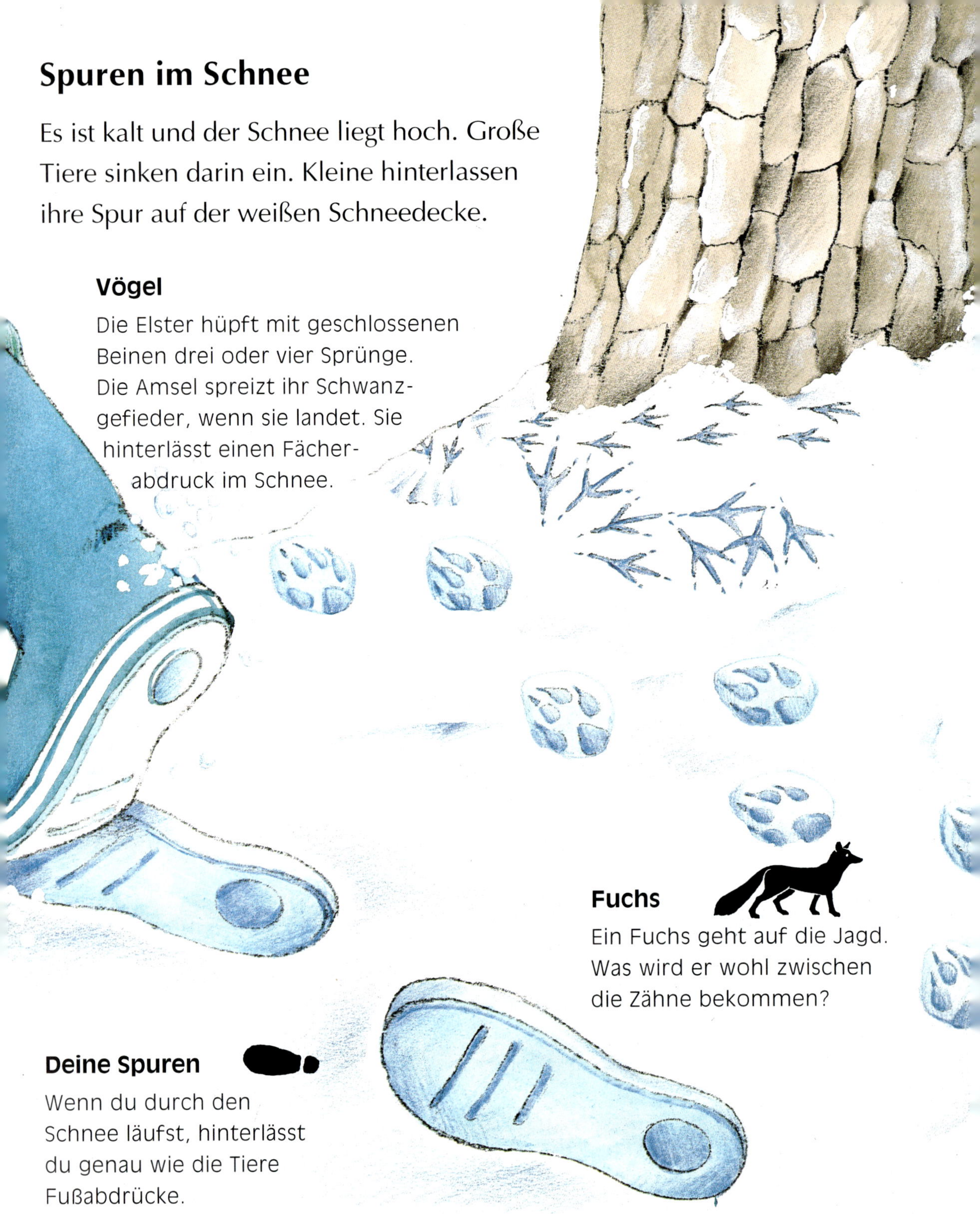

Vögel

Die Elster hüpft mit geschlossenen Beinen drei oder vier Sprünge. Die Amsel spreizt ihr Schwanzgefieder, wenn sie landet. Sie hinterlässt einen Fächerabdruck im Schnee.

Fuchs

Ein Fuchs geht auf die Jagd. Was wird er wohl zwischen die Zähne bekommen?

Deine Spuren

Wenn du durch den Schnee läufst, hinterlässt du genau wie die Tiere Fußabdrücke.

**Eich-
hörnchen**

Das Eichhörnchen hat sich Verstecke gesucht, in denen es seine Vorräte lagert. Seine Spur beginnt am Fuß des Baumes und kehrt dorthin zurück.

Mäuse

Feld- und Waldmäuse leben in Höhlen unter dem Schnee. Wenn sie hungrig sind, kommen sie heraus und hinterlassen mit ihren kleinen Pfoten eine Zickzack-Spur.

2 – VOGELWELT

Liebe Lerche, dein Gefieder
schillert wie ein Regenbogen.
Fröhlich kommst du angeflogen.

Nachtigall, wo steckst du nur?
Hast du dich unsichtbar gemacht?
Oder ist es bloß die Nacht?

Ein Nest für den Nachwuchs

Viele Vögel sind in den Zweigen zu Hause. Doch zur Eiablage, zum Brüten und zur Aufzucht ihrer Küken bauen sie jedes Jahr ein Nest. Wochenlang sind sie damit beschäftigt, kleine Zweige und Moos herbeizuschaffen. Sie sammeln Schafwolle oder Fuchshaar, das an Zäunen hängt. Alle Materialien müssen gut miteinander verbunden werden.

Die Meise

Sie hat ein sehr weiches Nest. Unten liegen trockene Gräser, darauf kommt Moos, Laub, Wolle. Zuletzt wird alles mit weichen Flaumfedern und Seidenfäden von Spinnennetzen gepolstert.

Ei einer Meise

Der Specht

Mit seinem Schnabel hackt er eine tiefe Bruthöhle in den Stamm. Das Nest ist hart. Oft haben die Küken nicht einmal eine Unterlage aus trockenen Gräsern.

Ei des Spechts

Schwalben

Das Nest eines Maurers. Schwalben schaffen mit dem Schnabel Lehm herbei. Kleine Stroh- und Grashalme werden mit diesem Mörtel zu einem haltbaren Baustoff vermengt. Ihre Nester hängen unter Dächern oder am Gebälk. Innen sind sie weich mit Federn ausgepolstert.

Schwalbenei

Die Elster

Sie baut ihr geräumiges Nest aus kräftigen Zweigen hoch oben im Baum. Es hat ein Dach. Eine Lehmschicht hält den Wind ab. Innen ist es mit Gras und Moos gepolstert.

Ei einer Elster

Ein scheues Tier

Zieh vorsichtig die Gardine zurück und schau aus dem Fenster! Wenn du ganz still stehst, bemerkt der Vogel dich nicht und du kannst ihn beobachten. Das kleinste Geräusch, die geringste Bewegung schrecken ihn auf.

Hilfe beim Nestbau

Es gibt viele Dinge, die Vögel zum Nisten gebrauchen können. Warum hilfst du ihnen nicht? Ein Wollfaden hier, etwas Watte da, eine Schnur, ein wenig Hundehaar, eine Strähne von dir oder ein kleines Band. Alle diese Kleinigkeiten sind willkommen. Binde kleine Sträuße damit und knote sie an einen Busch. Meisen, Rotkehlchen und Spatzen werden sich dann bedienen.

Ein Nistkasten

Oder zimmere einen Nistkasten. Er hat ein rundes Einflugsloch und einen Deckel zum Aufklappen. Kaum hängt er am Baumstamm, kommen die Gäste . . .

Bauanleitung

Folge den Abbildungen, dann gelingt es dir bestimmt.

Es geht noch einfacher!

Verwandle einen Blumentopf in einen Nistkasten: Vergrößere vorsichtig das Loch im Boden. Verschließe die andere Öffnung mit einem Stück schwarzer Folie von einer Plastiktüte.

Binde eine Schnur um den Blumentopf. Sie muss fest unter seinem Rand sitzen. Knote nun vier Schnüre daran, die so lang sind, dass du den Topf an einem Baum festbinden kannst.

Fröhliche Post

Wer hat Strohhalme in unseren Briefkasten gesteckt? Nicht anfassen, da kommt eine Meise mit einer Feder im Schnabel!
Sie umflattert den Briefkasten und will ihr Nest darin bauen. Störe sie nicht. Und sag dem Briefträger Bescheid!

Bald werden die jungen Meisen schlüpfen.

Guten Appetit!

Ein Vogel muss täglich essen wie du. Er braucht sogar mehrmals am Tag eine Mahlzeit. Sobald er das Nest verlassen hat, muss er sein Futter selbst suchen. Das ist viel Arbeit! Zum Glück haben Vögel gute Augen. Sie sehen schon von weitem, was ihnen schmeckt: Körner und Insekten. Jede Vogelart hat ihre Lieblingsspeise. Und die Natur hat für alle etwas.

Wenn die Meise zu ihrem Nest zurückkehrt, sperren die Küken die Schnäbel auf und warten darauf, dass sie eine Raupe oder ein Insekt zu fressen bekommen.

Der Bussard

Der Bussard erbeutet Waldmäuse und sogar kleine Kaninchen. Aber er frisst auch Aas. Und wenn es nichts Besseres gibt, frisst er auch Eidechsen, Insekten und sogar Wildfrüchte.

Waldmaus

Die Schwalbe

Die Rauchschwalbe ernährt sich im Flug. In großen Kreisen segelt sie durch die Luft und sperrt dabei den Schnabel weit auf. Sie erbeutet Mücken, Fliegen, Wespen und Schmetterlinge.

Der Eisvogel

An einem klaren Bach kann der Eisvogel leicht Beute machen. Er jagt kleine Fische wie Elritzen und Weißfische. Ist das Wasser trüb, muss er sich mit Insekten und Kaulquappen zufrieden geben, die dicht unter der Wasseroberfläche schwimmen.

Der Grünspecht

Die Lieblingsspeise des Grünspechts sind Ameisen. Er steckt seine klebrige Zunge in den Ameisenbau und erbeutet einen ganzen Schnabel voll. Er frisst auch die Insekten und Insektenlarven, die unter der Baumrinde leben.

Das Federkleid

Woran erkennt man einen Vogel? Ganz einfach: an seinem Federkleid. Mithilfe seiner Federn kann er fliegen. Und sie schützen ihn vor Kälte und Nässe. Wenn er um ein Weibchen wirbt, benutzt er es, um Eindruck bei ihr zu machen. Zweimal im Jahr wird das Gefieder erneuert. Zum Glück werden nicht alle Federn gleichzeitig ausgetauscht!

Kleine Federkunde

Jeder Vogel hat verschiedene Federn, die sich in Größe, Länge und Farbe unterscheiden.

Die Flaumfedern

Direkt auf der Haut an Bauch und Rücken wachsen sehr weiche Federn. Wenn es kalt ist, plustern sich Vögel auf. Sie tun es mit diesen Flaumfedern. So halten sie sich warm.

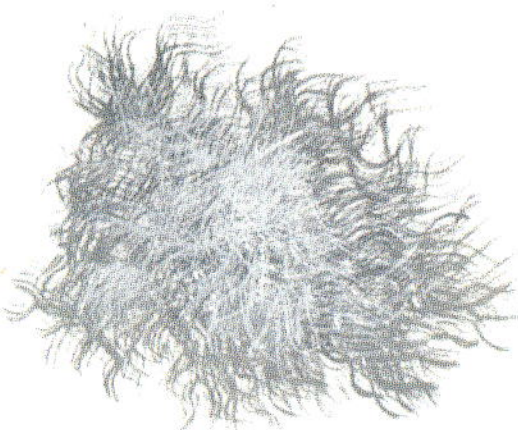

Die Deckfedern

Die Deckfedern liegen über den Flaumfedern und bedecken den gesamten Vogelkörper. Sie sind weich und bunt.

Die Schwungfedern

Die Federn an den Flügeln heißen Schwungfedern. Wie die Schwanzfedern sind sie steif und strapazierbar. Sie stützen sich auf die Luft und tragen den Vogel beim Flug.

Federn sammeln

Wenn du eine Feder gefunden hast, kann das der Anfang einer Sammlung sein. Versuch herauszufinden von welchem Vogel sie stammt. Klebe die Feder in ein Heft und vermerke die Vogelart darunter.

Wiedehopf

Schleiereule

Eisvogel

Vogelarten

Von allen Tieren lassen sich Vögel am leichtesten beobachten. Doch sie sind sehr schreckhaft und fliegen davon, sobald du dich ihnen näherst. Nimm ein Fernrohr, wenn du sie beobachten willst.

Spatz

Der Spatz ist fast zahm, besonders in Städten. Wenn du ihm Brotkrümel hinstreust, ist er sofort zur Stelle. Er piepst ständig.

Bachstelze

Sie läuft unermüdlich und wippt dabei mit ihrem weiß umrandeten, langen schwarzen Schwanz. Niemals verfehlt die Bachstelze eine Mücke im Flug.

Rotkehlchen

Mit dem runden orangeroten Fleck auf der Brust sieht das Rotkehlchen sehr schön aus. Versuch es zu zähmen, indem du es mit kleinen Obststücken fütterst.

Turteltaube

Die Turteltaube singt leise. Leise Töne schlägt sie auch bei den Farben ihres graubeigen Gefieders an. Ein hübscher schwarzer Streifen schmückt ihre Federn.

Bussard

Der Bussard sitzt häufig auf einem Pfahl am Feldrand. Dieser große Vogel ist ein Greifvogel.

Ente

Die Stockente ist eine Wildente, die an Teichen und Seen zu Hause ist. Kopf und Hals sind mit grünen Federn bedeckt.

Taube

Wenn sie wild vorkommt, heißt sie Ringeltaube. Sie ist mit der Turteltaube verwandt. Sie lebt in Bäumen und gurrt den ganzen Tag lang.

Schnäbel und Füße

Es gibt viele Vogelarten. Jede Art hat eine besondere Schnabelform und solche Füße, die zu ihrer Lebensweise passen.

Der Schnabel ist ein Werkzeug. Jeder Vogel gebraucht ihn anders: zum Wühlen, Nüsseknacken, Zupfen, Picken. Aber alle Vögel brauchen ihn zum Transport.

Vögel benutzen ihre **Füße,** um in der Erde zu scharren, sich niederzulassen, und zum Klettern. Die Nägel an den Zehen sind spitz und gebogen wie Krallen. Und wenn sie schlafen, halten sie sich mit ihren Zehen am Ast fest, damit sie nicht herunterfallen.

Schnepfe

Auf der Suche nach Würmern bohrt die Schnepfe ihren langen, spitzen Schnabel in den Boden.

Adler

Der Schnabel des Adlers ist gebogen und scharf wie ein Messer. Mit ihm reißt er das Fleisch von den Knochen seiner Beutetiere.

Bachstelze

Die schnelle Bachstelze trippelt. Mit ihrem Schwanz hält sie das Gleichgewicht. Eine ihrer Zehen zeigt nach hinten und verhindert, dass sie Übergewicht bekommt und umkippt.

Rebhuhn

Das Rebhuhn geht nicht, es rennt. Die hintere Zehe ist sehr klein und hat keine Berührung mit dem Boden.

Kernbeißer

Der Kernbeißer knackt Kirschkerne mit dem Schnabel.

Kreuzschnabel

Der Kreuzschnabel spreizt die Schuppen der Kiefernzapfen auseinander, um an den versteckten Samen zu gelangen.

Der lange, flache Schnabel der Ente eignet sich gut zum Wühlen im Schlamm.

Ente

Eisvogel

Zielgenau schnappt der Eisvogel mit seinem Schnabel zu, wenn er Fische aus dem Bach fischt.

Grünspecht

Damit seine Füße an der Baumrinde Halt finden, zeigen beim Specht zwei Zehen nach vorne und zwei nach hinten.

Mauersegler

Der Mauersegler hat vier nach vorne gerichtete Zehen, mit denen er sich am Mauerwerk festhalten kann.

Die Eule packt die Waldmaus mit den Klauen und trägt ihre Beute bis zu ihrem Nest.

Eule

Der Reiher watet durch das Wasser, ohne dass sein Gefieder nass wird. Auf Stelzbeinen beobachtet er das Leben am Fluss.

Reiher

Starten, fliegen, landen

Der Vogel war das Vorbild für den Flugzeugbau. Zum Abflug stellt sich der Vogel gegen den Wind. Er schwingt sich mit aller Kraft empor, schlägt dabei mit den Flügeln oder nimmt Anlauf. Manche Vögel starten von hoch oben. Das ist manchmal einfacher.

Die Meise

1) Die Meise ist so leicht, dass der Abflug sie keine Kraft kostet.

2) Ein Flügelschlag – und schon ist sie in der Luft.

Die Ente

1) Um aus dem Wasser zu kommen, schlägt die Ente mit den Flügeln. Wenn sie sich emporschwingt, rennt sie schnell über die Wasseroberfläche.

2) In der Luft fliegt die Ente mühelos und schnell. Beim Flug zieht sie ihre Füße an und steckt sie unter das Gefieder.

Der Vogel segelt im Wind. Es scheint ihm Spaß zu machen. Doch um vorwärts zu kommen, muss er mit den Flügeln schlagen.

3) Die Landung ist ein schwierigeres Unternehmen. Die Meise muss bremsen, ohne herabzufallen. Deshalb öffnet sie ihre Flügel weit und spreizt die Schwanzfedern.

4) Sie bremst stark ab und streckt die Beine vor.

3) Die Landung auf dem Wasser ist fast ein Kinderspiel. Die Ente schlittert auf ihren Schwimmfüßen über das Wasser und bremst mit den Flügeln.

Ein wenig Körperpflege

Vögel möchten sauber sein. Deshalb baden sie in einer Pfütze. Sie duschen, indem sie mit den Flügeln schlagen und sich mit Wasser bespritzen. Anschließend schütteln sie sich und trocknen ihr Gefieder in der Sonne oder im Wind.

Glätten

Der Wiedehopf benutzt seinen Schnabel, um sich zu kämmen. Er glättet eine Feder nach der anderen und fängt dabei gleichzeitig Flöhe.

Kratzen

Der Mauersegler hält sich auf einem Bein, senkt den Flügel und kratzt sich den Kopf, indem er mit dem freien Fuß über die Schulter fasst.

Wasserbad

Die Amsel zaust ihr Gefieder und steckt den Kopf unter Wasser. Sie bespritzt sich mit den Flügeln, taucht Schwanz und Bauch in die Pfütze.

Sonnenbad

Mit ausgebreiteten Flügeln sitzt der Star am Boden und nimmt ein Sonnenbad – wie zum Vergnügen.

Sandbad

Manchmal reibt sich der Spatz an trockener Erde. Dabei schlägt er mit den Flügeln. Auf diese Weise reinigt er sein Gefieder von Ungeziefer.

Ameisenbürste

Der Buchfink hält eine Ameise im Schnabel. Er streift seine Flügel damit ab, um das Ungeziefer aus den Federn zu vertreiben.

Baden im Ameisenhaufen

Der Eichelhäher hat eine Lösung gefunden, die weniger anstrengend ist. Er hockt sich auf einen Ameisenhaufen. Die Ameisen übernehmen seine Körperpflege.

Im Vogelbad

Stelle an einem warmen Tag ein kleines Vogelbad im Garten auf, um den Vögeln beim Baden zuzusehen. Grabe z. B. ein flaches Gefäßes zur Hälfte ein. Fülle es mit Wasser und verstecke dich. Mit etwas Glück kannst du bald einen Vogel beim Baden beobachten.

Vogelstimmen

Hörst du die Vögel singen? Du musst einfach die Ohren spitzen. Es klappt aber nur, wenn draußen kein Lärm ist.

Am frühen Morgen, kurz bevor die Sonne aufgeht, ist das Konzert am schönsten. Im Frühling stimmen die meisten Vögel in den Chor ein. Warum das so ist? Weil die Zugvögel zurückgekehrt sind. Außerdem werben die Vögel mit ihrem Gesang umeinander.

Die Lerche

Die Lerche singt kurz vor Sonnenaufgang:

trrlit, trrlit.

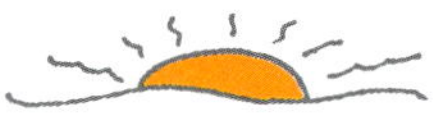

bei Sonnenaufgang

Die Grasmücke

Bei Sonnenaufgang erwacht die Grasmücke:

millillill.

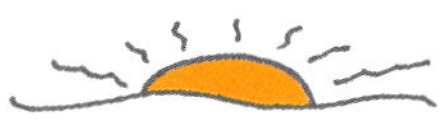

bei Sonnenaufgang

Die Kohlmeise

Die Kohlmeise stimmt in das Morgenlied ein:

zizizibä . . .
ti vüid . . . pink, pink.

tagsüber

Der Laubsänger

Der Tag hat begonnen. Jetzt singt der Laubsänger:

zilp-zalp-zilp-zalp.

Vogelpfeifen

Versuche, diese Vogelstimmen nachzuahmen. Am einfachsten geht das, wenn du dir Vogelpfeifen besorgst. Das sind kleine Musikinstrumente, die wie eine Vogelstimme klingen. Wenn du Glück hast, lockst du damit einen Vogel an und er antwortet dir.

Der Wiedehopf

Tagsüber ruft plötzlich der Wiedehopf:

pu-pu-pu, pu-pu-pu.

Der Waldkauz

Nachts ertönt der Ruf des Waldkauz:

hu-hu-u, hu-hu-u.

Die Nachtigall

Und die Nachtigall singt nach Sonnenuntergang:

dü, dü, dü, wuit, tack.

Der Vogelzug

Viele Vögel ziehen es vor, den Winter in wärmeren Gegenden als der unseren zu verbringen. Deshalb fliegen sie im Herbst in den Süden.

Stare

Stare machen nur kleine Ausflüge. Tagsüber fliegen sie aufs Land, nachts kehren sie in die Stadt zurück, um zu schlafen.

Störche

Sie ziehen paarweise oder in kleinen Gruppen nach Süden. Unterwegs machen sie häufig Rast. Im Winter stelzen sie durch die Felder rund um das Mittelmeer.

Kuckuck

Der Kuckuck ist ein Einzelgänger. Sogar nach Afrika fliegt er am liebsten allein.

Kraniche

Zuerst hörst du ihre Rufe: »Kru-kru-kru!« Sie können nicht still sein! Schau in den Himmel, dann siehst du die Kraniche aufgereiht in V-Formation vorbeifliegen.

Wildgänse

Auch sie fliegen in Formation, aber man hört sie nicht. Die Wildgänse schnattern nur am Abend, wenn sie sich schlafen legen. Es ist noch weit bis Afrika!

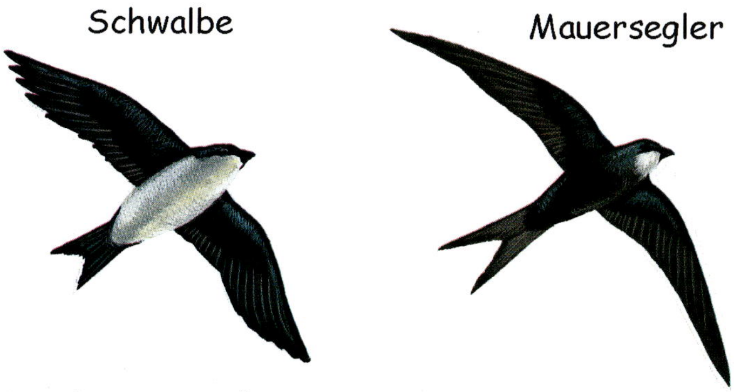

Zwei Zugvögel

Die Schwalbe und der Mauersegler sehen einander sehr ähnlich. Lerne sie zu unterscheiden.

Vögel füttern

In der freien Natur wissen Vögel, wo sie Futter finden, und fressen, was ihnen schmeckt. Doch der Winter ist eine harte Jahreszeit für sie, besonders wenn der Boden gefroren ist. Dann ist das Futter willkommen, das du ihnen bereitest.

Futtergarben

Bring von den Feldern einen Maiskolben, eine Sonnenblume und eine Hand voll Ähren mit nach Hause.

Trockne deine Schätze gut und bewahre sie geschützt vor Mäusen auf. In einer Plastiktüte zum Beispiel, die du an einem Nagel aufhängst. Im Winter bastelst du dann eine Garbe daraus und befestigst sie in den Zweigen.

Futterknödel

Stecke ein Drahtstück durch einen Jogurtbecher und drehe eine Schlaufe in die Enden des Drahts. In den Becher gießt du eine Mischung aus zerlassenem Fett und Körnern. Ist das Fett erkaltet, entfernst du den Becher, indem du ihn aufschneidest. Hänge den Futterknödel auf den Balkon oder an einen Ast.

Knuspergirlanden

Fädele mit einer dicken Stopfnadel Erdnüsse, Trockenfrüchte und andere Leckereien auf eine Haushaltsschnur und mach daraus eine Girlande.

3 – AUF WIESEN UND IN HECKEN

Maiglöckchen, Rosen oder Ackerwinden –
Noch schöner werdet ihr die Wiese finden,
Wenn ihr dort jede Blume kennt
Und höflich sie beim Namen nennt.

Ohne es zu wissen, haben Buchfink und Grasmücke Weißdorn gesät. Der Eichelhäher hat Haselnüsse ausgestreut. Manchmal sind Haselnusssträucher daraus gewachsen.

Vögel fallen in die Hecken ein und jagen dort Insekten. Dann kehren sie zu ihren angestammten Plätzen zurück. Über der Wiese kreisen Schwalben.

Heckensträucher sind oft dornig. Auch Ranken haben häufig Dornen. Sie winden sich um die anderen Pflanzen und überwuchern sie.

Das Gras steht hoch, überall blühen Blumen. Schmetterlinge, Bienen und Hummeln schwirren umher.

Wiesen und Hecken

Auf der Wiese weidet das Vieh. Es kann nicht davonlaufen. Die Hecke bildet eine dichte, dornige Umzäunung. Die Tiere ruhen sich im Schatten der Hecke aus oder suchen dort Zuflucht vor dem Wind.

Die Wiese, die du hinter der Hecke entdeckt hast, sieht aus wie ein Rasen. Das Gras ist kurz. Die Kühe haben es abgegrast.

Durch ein Tor an der Straße kommst du auf die Weide. Vergiss nicht es hinter dir wieder zu schließen.

Wiesenblumen

Auf der Wiese wachsen viele verschiedene Blumen. Die großen siehst du schon von weitem. Wenn du dich bückst und durch die Lupe schaust, kannst du auch die allerkleinsten sehen. Klar, dass du sie am liebsten alle pflücken und mit nach Hause nehmen würdest. Doch der Strauß würde schon in deiner Hand verwelken.

Schlüsselblume

Ein kleiner Strauß gelber Blüten auf einem Stängel. Seine grünen Blätter liegen dicht über dem Boden.

Wilde Möhre

Dieser Schirm aus weißer Spitze ist die Blüte einer wilden Karotte, verwandt mit derjenigen, die im Garten wächst und auf dem Markt zu kaufen ist.

Kornblume

Die blauen Blütenblätter sind wie ein kleiner Kranz um das Körbchen direkt am Stiel angeordnet.

Gänseblümchen

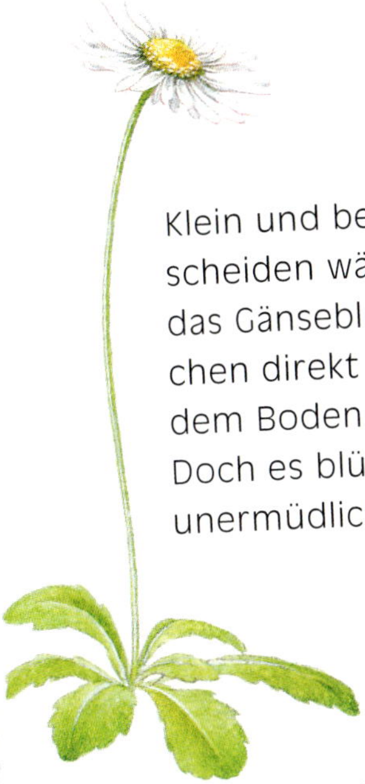

Klein und bescheiden wächst das Gänseblümchen direkt über dem Boden. Doch es blüht unermüdlich.

Butterblume

Sie leuchtet, als wäre sie aus Gold.

Aber pflück sie nicht. Ihr Pflanzensaft ist giftig.

Wiesenklee

Er ist eine wichtige Nahrungsquelle. Bienen und Schmetterlinge trinken seinen Nektar. Kühe grasen ihn gerne.

Wegwarte

Sie wächst im Sommer, wenn die Sonne am heißesten ist. Ihre blauen Blüten sind sehr zart. Nur mit Widerstand lässt sie sich pflücken.

Klatschmohn

Die Knospe geht auf. Zerknitterte Blütenblätter kommen hervor. In der Sonne falten sie sich auf. Sie leuchten rot und sind zart wie Seide.

Dein erstes Herbarium

Ein Blumenstrauß welkt schnell. Für eine Blumensammlung musst du die Blumen trocknen. Nimm eine alte Zeitung und eine Schachtel zum Blumenpflücken mit. Lege jede Blume, die du gepflückt hast, flach auf eine Zeitungsseite und fülle so die ganze Zeitung. Auf diese Weise nehmen die Blumen keinen Schaden. Zu Hause legst du ein Brett über alles und auf das Brett einige schwere Bücher.

Nun wartest du eine Woche, dann sind die Blumen getrocknet.

Pflanzenalbum

Nach einer Woche kannst du die Zeitungsseiten vorsichtig aufschlagen. Die Blumen sind getrocknet. Sie haben ein wenig an Farbe verloren. Nimm sie eine nach der anderen und ordne sie in dein Sammelalbum ein.

Vorsicht! Durch das Trocknen sind die Blumen sehr zerbrechlich geworden.

Beschriften

So wird deine Pflanzensammlung zum Herbarium: Die Blumen und Gräser sind gepresst. Versuche sie so zu legen, dass sie aussehen, als wären es Abbildungen. Klebe die Blumen mit einem kleinen Stück Klebestreifen auf den Seiten fest. Dann bitte jemanden ihre Namen dazuzuschreiben.

Du kannst auch ein schönes Wandbild aus gepressten Blumen basteln.

Duftbeutel

Manche Blumen duften besonders gut: Lavendel, Ginster, Heckenrosen. Auch einige Blätter duften, wenn man sie zerreibt, zum Beispiel Minze oder Thymian. Pflück ein wenig davon und trockne sie an einem schattigen Platz. Dann gibst du sie in ein kleines Stoffsäckchen.

Hänge den Duftbeutel in deinen Schrank, dann duftet es darin nach Sommer.

Ein bunter Blumenstrauß!

Auf deinen Spaziergängen findest du überall Blumen. Sie haben sich allein durch ihren Samen verbreitet. Sie duften gut und sind sehr farbenprächtig. Am liebsten möchtest du sofort einen riesigen Strauß pflücken und mit nach Hause nehmen.

Aber sind die Blumen erst gepflückt, welken sie schnel Am besten pflückst du den Blumenstrauß erst auf dem Rückweg. Schütze ihn beim Transport.

Taufrische Blumen

Nimm zum Blumenpflücken eine Plastiktüte mit. Lege eine Hand voll feuchtes Gras hinein. So werden sich die Blumen, die du pflückst, in der Tüte wohl fühlen. Halte sie gut geschlossen. Zu Hause kannst du deine Mutter mit einem Strauß taufrischer Blumen überraschen.

Ein Blütenkranz

Mit Acker- oder Zaunwinde kannst du viele verschiedene Blütenkränze winden. Schlinge die Winden ineinander und steck kleine Blüten zwischen die Ranken: weiße Kamille, roten Wiesenklee, blauen Salbei . . . Damit dein Kranz lange hält, legst du die Blüten vorher eine Stunde in Wasser.

Der Klatschmohn

Klatschmohn welkt sehr schnell. Am besten pflückst du Mohnblüten, solange sie noch Knospen sind. Stell sie in ein Wasserglas, dann kannst du zusehen, wie sie aufgehen und verblühen.

1) Eine Mohnknospe wird gelb. In diesem Stadium solltest du sie pflücken.

2) Stelle den Stiel in Wasser. Bald öffnet sich die Knospe.

3) Seidenweiche Blütenblätter umgeben das schwarze Auge der Mohnblume.

4) Eine wunderschöne Blüte!

Wenn der Samen auf Reisen geht

Der Wind trägt die Samen fort. Je stärker er weht, desto weiter kommen sie. Das gilt besonders für die Samen der Bäume, die von hoch oben herabfallen und sich vom Wind wegtragen lassen. Es gibt auch Samen, die nicht allein auf Reisen gehen. Der Blumenstängel neigt sich nach unten und der Samen fällt auf die Erde. Kommt ein Kaninchen vorbei, bleibt der Samen an seinen Pfoten kleben und die Reise geht los . . .

Anhänglich sein

Diese kugeligen Früchte voller Samen heften sich gerne an deine Kleider. Dank der Häkchen an den Samen bleiben sie im Schafsfell hängen, das sie weitertransportiert. So breitet sich die Große Klette aus.

Leicht sein

Diese federleichten Fallschirmfrüchte sind wunderschön! Pflück sie vorsichtig und puste kräftig. Alle Samen fliegen davon. So verbreitet sich der Löwenzahn.

Vier Arten, zu reisen

Jedes Samenkorn der Großen Klette hat ein Häkchen.

Löwenzahnsamen hängen an Fallschirmen.

Der Samen des Ahorns kreiselt durch die Luft.

Brombeersamen werden von Tieren verschluckt.

Zum Ausprobieren

Zieh alte Wollsocken über deine Gummistiefel und spaziere so durch eine Wiese. Wenn du zurückkommst, werden sich viele Samen an »deiner Wolle« festgehakt haben. Du kannst die Häkchen auch unter der Lupe betrachten.

Eine Sammlung Samenkörner

Ebenso spannend wie die Blüten sind die Samen. Sie werden reif, wenn die Blume verwelkt ist. Häufig haben sie eine außergewöhnliche Form. Du kannst dir eine Sammlung anlegen.

Blüte und Samenkörner des Klatschmohns

Klatschmohn

Die Blütenblätter sind abgefallen. An der Spitze des Stängels bleibt eine Fruchtkapsel zurück, eine kleine Dose, die ein Deckel verschließt. In der Kapsel befinden sich hunderte von winzigen Samenkörnern.

Stiefmütterchen

Die kleinen Samenkörner liegen aufgereiht in einer Kapsel mit drei Kammern und jede hat einen Deckel. Wenn die Kapsel austrocknet, fallen die Samen heraus.

Blüte und Samenkörner des Stiefmütterchens

Blüte und Samenkörner des Goldlacks

Goldlack

Wo die Blüte war, hängt jetzt eine Schote. Die Beulen de Samenkapsel stammen von den Samenkörnern, die innen getrennt nebeneinander liegen. Es sind nicht viele.

Wilde Möhren

Die Blütendolde Wilder Möhren sieht aus wie ein hübscher weißer Sonnenschirm. Wenn die Samen reif sind, zieht sich die Dolde zusammen und schützt die Samenkörner.

Blüte und Samenkörner der Margerite

Blütendolde und Samenkörner der Wilden Möhre

Margeriten

Die weißen Blütenblätter sind abgefallen. Das gelbe Körbchen bleibt auf dem Stängel zurück, trocknet und wird braun. In ihm sitzen die Samenkörner.

Samen sammeln

Gib einige Samenkörner von einer Blume auf die Klebeseite eines transparenten Klebefilms. Dieses klebst du auf ein Blatt weißes Zeichenpapier. Wenn du die Samenkörner der anderen Blumen ebenso aufgeklebt hast, nimm deine Lupe und betrachte die Formen, Farben und Größen der Samenkörner. Zusätzlich kannst du die getrockneten Blüten neben die entsprechenden Samenkörner kleben.

Vergiss nicht die Namen der Blumen aufzuschreiben, von denen die Samenkörner stammen.

Die Milchstraße

Der große helle Streifen ist die Milchstraße. Was für ein komischer Name für diesen gewaltigen Sternenhaufen!

Lichter

Sogar bei Nacht erkennst du die Landschaft: Da ist die Straße im Scheinwerferlicht eines Autos. Und der dunkle Fleck mit den gelben Punkten ist das Dorf mit seinen erleuchteten Fenstern.

Unter dem Sternenhimmel

Die Nacht ist klar und mild. Schau dir den Himmel an. Tausend Sterne funkeln. Einige sind größer oder leuchten stärker als andere. Jeder Stern hat einen Namen.

Eine Sternschnuppe

Hast du die Sternschnuppe gesehen? Wenn du den Himmel gut beobachtest, wirst du noch mehr entdecken. Sie sind sehr schnell. Nur ein kurzer Lichtstreifen. Es reicht gerade für einen Wunsch.

Der Mond

Hallo, Mond! Heute erscheinst du als Sichel, aber bald wirst du wie ein großes, rundes Gesicht am Himmel stehen und die Landschaft in dein weißes Licht tauchen.

Blumen in der Sonne

Überall auf der Wiese wachsen Gänseblümchen. Sie sind wie weiße Tupfen im Gras. Am frühen Morgen ist das Gänseblümchen noch geschlossen. Wenn die Sonne es erwärmt, öffnet sich seine Blüte. Auch der Milchstern wartet, bis die Sonne hoch am Himmel steht.

Gänseblümchen mit offener Blüte

Löwenzahn mit offener Blüte

Nachtkerze mit geschlossener Blüte

Milchstern mit offener Blüte

Blumen an einem Regentag

Wolken überziehen den Himmel. Heute wird das Gänseblümchen sich nicht öffnen. Doch die Nachtkerze freut sich und öffnet ihre Blüte. Sie betrachtet sogar den Mond in der Nacht. Andere Blumen bleiben unabhängig vom Wetter von morgens bis abends geöffnet. Welche findest du in deinem Garten?

Gänseblümchen mit geschlossener Blüte

Löwenzahn mit geschlossener Blüte

Nachtkerze mit geöffneter Blüte

Milchstern mit geschlossener Blüte

Winterruhe

Man könnte meinen, die Felder schliefen unter einer weißen Decke. Und der Schnee schützt die Wiese. Im nächsten Frühling wird sie wieder blühen.

Schnee

Warm eingemummt, mit dicken Stiefeln und die Mützen über die Ohren gezogen, stapfen die Kinder durch den Schnee. Der Hund hüpft vor Freude. Ihm ist es nicht kalt mit seinem Fell.

Der Winterhimmel

Der Himmel ist grau. Große Wolken ziehen tief über uns hinweg. Vielleicht schneit es bald wieder. Wenn morgen die Sonne scheint, werden die Felder funkeln wie in einem Festgewand.

Bäume

Die Bäume sind kahl. Der Wind hat den Schnee von ihren Zweigen gefegt. Der Gimpel plustert sich auf, damit er nicht friert. Vergeblich sucht er im Weißdorn nach Beeren. Er findet nur Knospen.

Vögel

Elstern und Krähen streiten sich. Mit ihren langen, harten Schnäbeln wühlen sie in der gefrorenen Erde, denn sie hoffen trotz der Kälte einen Wurm zum Fressen zu finden.

4 – AUF VIER BEINEN

Dort unterm Busch, was schaut da vor?
»Ein wenig Stroh«, sagt Ivan,
Und Eva meint: »Ein alter Schuh.«
Doch unser Freund, der Igel,
Belauscht sie weiter mit einem Ohr.

Gut versteckt

Einige Tiere kannst du im Wald antreffen. Andere verstecken sich oder schlafen tagsüber. Diese Vierbeiner sieht man sehr selten.

Siebenschläfer

Der Siebenschläfer ist größer als eine Maus und kleiner als eine Ratte. Er hat einen weißen Bauch und einen langen, buschigen Schwanz.

Sein dickes Fell hält ihn warm, denn im Winter schläft er in einer tiefen Höhle, die er für seinen Winterschlaf gegraben hat.

Wiesel

Das Wiesel erkennt man an seinen kurzen Beinen, seinem langen Hals und seinem kleinen, runden Kopf. Gewand und unerschrocken verfolgt es Mäuse und schlüpft in ihre Höhlen . . . um sie zu verschlingen. Es frisst auch Küken und Vogeleier.

Eichhörnchen

Das Eichhörnchen rennt die Baumstämme hinauf und hinunter und springt von einem Ast zum anderen. Es bleibt reglos stehen oder versteckt sich, sodass man nur noch seine Nasenspitze sieht.

Fangen spielen

Ein Eichhörnchen rennt einen Baum hoch, ein anderes jagt ihm hinterher . . . Eine Verfolgungsjagd? Mit wehendem Schwanz rasen sie um den Stamm. Die Kastanien am Boden interessieren sie nicht und sie suchen auch nicht ihr Nest in den Wipfeln. Sie spielen Fangen!

Im Wald

Ein großes Wild kreuzt deinen Weg. Es bleibt stehen, schaut dich an. Bewege dich nicht und beobachte es eine Weile.

Hirsch

Der Hirsch ist der größte Bewohner unserer Wälder. Er trägt ein Geweih auf dem Kopf. Man bekommt ihn selten zu Gesicht, doch im Herbst hört man ihn, wenn er röhrt.

Reh

Es gibt immer mehr Rehe in unseren Wäldern. Täglich kommen sie aus dem Wald, um in den angrenzenden Wiesen zu grasen. Meistens immer zur selben Zeit und an derselben Stelle.

Wildschwein

Bei der Nahrungssuche legt das Wildschwein täglich viele Kilometer zurück. Es ist immer hungrig und wühlt in der Erde nach Wurzeln und Würmern. Wildschweine gelten als bösartig, doch wen wundert es, wenn sie überall gejagt werden.

Fuchs

Der Fuchs hat einen dreieckigen Kopf, eine spitze Schnauze und einen scharfen Blick. Sein Fell ist rotbraun, nur am Bauch ist es weiß. Im Winter ist es sehr dick. Sein buschiger rotbrauner Schwanz endet mit einer weißen Spitze.

Schlau wie ein Fuchs

Der Fuchs ist gewitzt. Mit geschlossenen Augen liegt er reglos vor der Hecke. Auf der Wiese suchen Hühner nach Futter. Kommt eines in seine Nähe, packt er es.

Auf der Wiese

Am frühen Morgen oder am Abend kannst du Wildtiere auf der Wiese beobachten.

Waldmaus

Die Waldmaus ist nicht groß. Sie gehört zur Familie der Mäuse. Ihr Bau ist winzig. In ihm versteckt sie sich, schläft, bekommt Kinder. Sie sucht überall nach Futter: Die eine frisst Getreide, die andere nagt gerne Früchte.

Maulwurf

Der Maulwurf ist ein kleines, wendiges Tier mit weichem Pelz. Seine Vorderpfoten sind unglaublich groß. Womit gräbt er wohl? Mit den Pfoten – ist doch klar!

Kaninchen

Auf der Lichtung hat sich das Kaninchen aufgerichtet und spitzt die Ohren. Ist Gefahr in Sicht? Es kehrt zu den anderen aus seinem Wurf zurück. Zu dritt oder zu viert tollen sie herum. Plötzlich ergreift die Gruppe ohne ersichtlichen Grund die Flucht. So schnell sie können, verschwinden sie in ihrem Bau.

Igel

Nachts kommt der Igel aus seinem Bau. Suche ihn mit der Taschenlampe, er ist nicht scheu. Wenn du kommst, rollt er sich zu einer Kugel zusammen. Dann zieht er die Stacheln wieder ein. Du könntest sogar seine Schnauze streicheln.

Vorsicht!

Aus dem kleinen Igel wird ein großer, wenn er vorsichtig über die Straße geht. Er kann sehr schnell sein auf seinen vier Pfoten, doch er gibt nicht Acht, wohin er geht. Wie unvorsichtig!

Wozu dient ein Schwanz?

Alle Tiere haben Pfoten, mit denen sie laufen. Und fast alle Tiere haben einen Schwanz. Aber wozu dient er? Er schützt besonders empfindliche Körperteile. Aber er kann noch mehr . . .

Eichhörnchen

Das Eichhörnchen hat einen schönen, buschigen Schwanz. Er ist nicht nur Schmuck. Das Eichhörnchen braucht ihn vor allem beim Springen.

Maulwurf

Der Maulwurf lebt unter der Erde und sieht nichts. Sein kleiner, aufgerichteter Schwanz streift die Decke des Maulwurfgangs und hilft ihm möglicherweise dabei, sich im Dunkeln zurechtzufinden.

Eidechsen

Die Eidechse zieht einen langen Schwanz mit sich. Anscheinend braucht sie ihn, denn wenn sie ihn fallen lässt, wächst er nach.

Mäuse

Die Maus lässt ihren Schwanz aus dem Loch herausschauen. Gleich wird die Katze sich darauf stürzen. Das sollte die Maus lieber sein lassen.

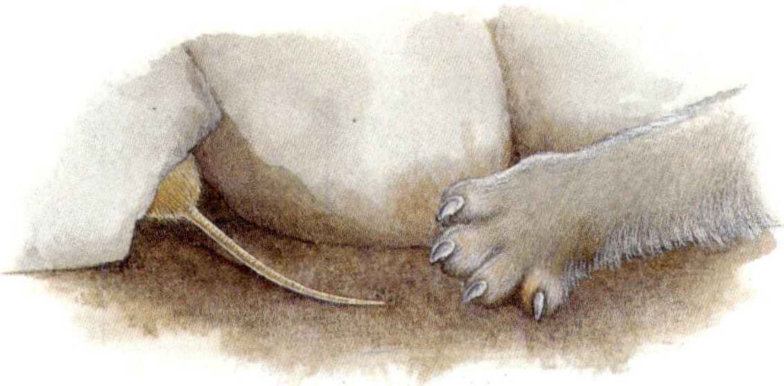

Pferde

Das Pferd hat einen Schwanz aus Rosshaar. Damit kann es bequem die Fliegen vertreiben.

Hunde

Hunde wedeln mit dem Schwanz, wenn sie sich freuen. Wenn sie ihn sinken lassen, ist Vorsicht geboten: Ein Hund zeigt so, dass er Angst hat oder schlecht gelaunt ist.

Schweine

Das Schwein hat einen Ringelschwanz. Ob man es daran ziehen kann?

Am Wasser

Einige Tiere leben am Wasser. Sie baden und fischen und haben ihren Bau am Ufer.

Biberratte

Ursprünglich stammen Biberratten aus Südamerika. Sie heißen auch Nutria und wurden in Europa wegen ihres Fells gezüchtet. Einige sind der Gefangenschaft entkommen und verwildert. Sie leben an Flussufern und vermehren sich stark.

Fischotter

Der Fischotter verbringt die meiste Zeit im Wasser mit Fischfang. Sein braunes Fell ist mit einer Haarschicht gefüttert, die kein Wasser durchlässt. Stolz trägt er einen weißen Schnauzbart in seinem kleinen, flachen Gesicht.

Bisamratten

Bisamratten bauen Burgen aus Schilf am Ufer von Teichen. Sie fressen Seerosen und nagen an Binsen. Und sie unternehmen Streifzüge durch angrenzende Maisfelder.

Im Gebirge

In den Bergen haben es die Tiere nicht so leicht. Im Sommer ernähren sie sich von Alpenkräutern. Doch im Winter liegt alles Nahrhafte unter einer dichten Schneedecke.

Der Steinbock

Steinböcke wurden lange Zeit gejagt, deshalb sind sie sehr selten geworden. Die wenigen Tiere, die es noch gibt, leben im Hochgebirge in den Felsen und verstecken sich ängstlich vor den Menschen. Ihre herrlichen Hörner tragen sie voller Stolz.

Murmeltiere

Murmeltierbabys kommen auf einem Lager aus Stroh zur Welt. Im Murmeltierbau unter der Erde ist es schön warm. Die Mutter säugt ihre Jungen. Wenn der Schnee geschmolzen ist, kann der Nachwuchs das junge Gras vor dem Bau fressen.

Gämsen

Eine Schafherde so hoch im Gebirge? Nein, Schafe klettern nicht so hoch. Es sind Gämsen, ihre wilden Verwandten. Schnell wie der Wind klettern sie in den Felsen. Steine lösen sich und kullern herab, doch sie stehen sicher.

Die Kunst der Verteidigung

Der Hase jagt davon, der Vogel schwingt sich auf, die Wespe sticht, das Murmeltier versteckt sich, die Schildkröte kriecht in ihren Panzer, der Adler droht . . . Wovor fürchten sie sich? Sie fürchten um ihr Leben, darum, gefressen zu werden. Ihre Furcht schützt sie.

Iltis

Der Iltis kreischt vor Angst. Dann sondert er einige Tropfen eines übel riechenden Sekrets ab, um die Angreifer zu vertreiben.

Murmeltiere

Die jungen Murmeltiere balgen sich auf der Wiese. Plötzlich ertönt ein schriller Pfiff und schnell verschwindet die ganze Familie im Bau.

Gämsen

Sie haben dich gesehen oder deine Witterung bekommen. Mit vier Sätzen springen sie in die Felsen. Die sportlichen Gämsen sind meisterliche Kletterer.

Igel

Rühr mich nicht an, ich steche! Bauch und Schnauze sind gut geschützt, wenn sich der Igel zur Kugel zusammenrollt. Wovor fürchtet er sich?

Hasen

Ein Blatt, das vom Baum fällt, erschrickt ihn. In Riesensprüngen nimmt der Hase Reißaus.

Kaninchen

Sie haben auf der Lichtung gegrast und ausgelassen gespielt. Plötzlich ertönt ein Schuss. Jetzt sieht man nur noch die weißen Schwänzchen auf der Flucht. Im Zickzack laufen die Kaninchen davon. Bloß nicht in die Schusslinie kommen!

5 – DIE WELT DER

KLEINEN LEBEWESEN

Eine kleine schwarze Grille
Sieht dich an durch ihre Brille.
Sie ist bleich, ihr Bauch tut weh:
»Wird Zeit, dass ich nach Hause geh!«,
Meint sie wohl und schlüpft ins Loch.
Sag, was gibt
Es noch?

Schmetterling, flieg!

Wer weiß schon, woher ein Schmetterling kommt und wohin er fliegt? Sie tanzen durch die Luft, fliegen im Zickzack mal hier hin, mal da hin. Einen Augenblick ruhen sie sich aus, dann fliegen sie weiter.
Ein Schmetterling lässt sich auf einer Blüte nieder. Wenn er nicht weiterfliegen will, klappt er seine Flügel zusammen.

Betrachte seinen Kopf und seine Fühler. Wenn er die Flügel ausbreitet, kannst du seine Zeichnung sehen. Die Flügel sind mal bunt, mal einfarbig und manchmal haben sie ein hübsches Muster.

Einige Schmetterlinge

Diesen Schmetterlingen wirst du häufig bei uns begegnen.

Kleiner Fuchs

Zitronenfalter

Admiral

Tagpfauenauge

Großer Kohlweißling

Die Fühler

Am Kopf des Schmetterlings befinden sich zwei zarte Fühler. Mit ihnen nimmt er Düfte wahr und kann die Blumen finden, deren Nektar er trinkt. Die Fühler dienen ihm auch dazu, seinen Flug zu steuern.

Der Saugrüssel

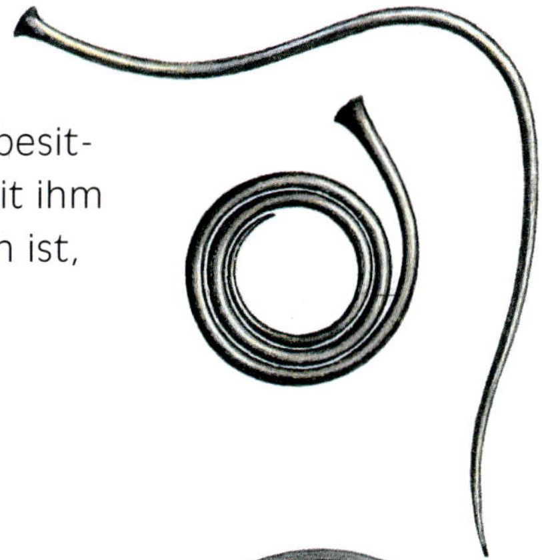

Um an den süßen Blütensaft zu gelangen, besitzen Schmetterlinge einen langen Rüssel. Mit ihm saugen sie Nektar. Damit er nicht hinderlich ist, wird er nach der Mahlzeit eingerollt.

Die Schuppen

Schmetterlingsflügel sind mit winzigen Schuppen bedeckt. Unter der Lupe kannst du sehen, dass sie sich überlappen wie Dachziegel. Sie schützen den Flügel, aber sie sind sehr leicht und zerbrechlich. Wenn du sie berührst, bleiben sie an deinen Fingern hängen wie Staub.

Der Schmetterlingsflug

Schmetterlinge kann man an ihrem Flug erkennen. Manche gaukeln durch die Luft und vollführen wahre Flugkunststücke . . .

. . . andere fliegen gleichmäßig von Blume zu Blume.

Das Ei, die Raupe und der Schmetterling

Frau Schmetterling legt viele Eier. Sie klebt sie in Häufchen an Gräser oder Blätter. Das Brutgeschäft übernimmt die Sonne.
Aus den Eiern schlüpfen keine Schmetterlingskinder, sondern Raupen. Sie sind noch winzig, aber sehr, sehr hungrig. Den ganzen Tag sind sie damit beschäftigt, zu fressen. Dabei wachsen sie so schnell, dass man zusehen kann.

Die Eier

An der Unterseite eines Blatts kleben dicht gedrängt dutzende winziger Kügelchen. Diese hellgelbe Häufchen sind Schmetterlingseier.

Eine Raupe wächst sehr schnell.

Raupen

Aus jedem Ei schlüpft eine kleine Raupe. Sie kriecht zum Blattrand und beginnt zu fressen. Eines Tages hört sie zu fressen auf.

Schmetter-lingseier

Die Puppe

Die Raupe hängt sich an einen Halm. Dann spinnt sie sich mit einem selbst erzeugten Faden in einen Kokon ein und wird zur Puppe.

Im Kokon verwandelt sich die Raupe in einen Schmetterling.

Die Verwandlung

Die Verwandlung der Raupe in einen Schmetterling nennt man Metamorphose. Ist sie beendet, schlüpft der Schmetterling aus der Puppe. Kaum hat er seine Flügel geöffnet, fliegt er schon davon.

Raupen züchten

Sammle zwei oder drei Raupen und nimm die Blätter mit, auf denen du sie gefunden hast. Eine Raupe muss jeden Tag frische Blätter von derselben Sorte bekommen. Halte die Raupen in einem Gefäß, das mit Gaze abgedeckt ist, und stelle einen kleinen Zweig hinein, an den sie sich hängen können. Nach einigen Tagen werden sie sich verpuppen, und wenn du Glück hast, schlüpft aus dem Kokon ein Schmetterling und fliegt davon.

Nachtschwärmer

Insekten fürchten sich nicht in der Nacht. Während die einen schlafen, sind die anderen auf Futtersuche. Vielleicht fühlen sie sich im Dunkeln sicherer, da ihre Feinde, die Vögel, nachts schlafen.

Glühwürmchen

Es ist keine Larve und auch kein Wurm, sondern ein echtes Insekt. Ihr Licht trägt Frau Glühwürmchen am Bauch. Es leuchtet, wenn sie das Männchen zu sich ruft.

Nachtfalter

Manche Schmetterlinge fliegen nur bei Tageslicht. Nachtfalter dagegen lieben die Dunkelheit. Sie lassen sich vom Duft der Blüten leiten, die sie genau kennen.

Tagsüber, wenn sie schlafen, sind ihre Flügel weit geöffnet.

Gut, dass Frau Glühwürmchen so leicht zu finden ist!

Wie man Nachtfalter anlockt

Nachtfalter fängt man, indem man sie anlockt:

- Hänge ein großes weißes Tuch auf, indem du es an allen Enden befestigst.
- Stelle eine helle Lampe hinter dem Tuch auf.
- Lege einen Bund Kratzdisteln oder andere stark duftende Blumen vor das Tuch, um die Falter anzulocken.

- Sammle die Falter in einem hohen Gefäß, um sie zu beobachten, aber lass sie hinterher wieder frei.

Hopp! Ich springe

Auf der Wiese wimmelt es nur so von Insekten. Sie krabbeln, fliegen, trippeln . . . Siehst du die Heuschrecke direkt vor dir? Sie bewegt sich nicht. Mach einen kleinen Schritt auf sie zu und . . . hopp! ist sie weggesprungen. Sie ist nicht größer als dein Daumen.
Doch sie springt sehr weit. Kannst du mit geschlossenen Beinen auch so weit hüpfen?

Feldheuschrecke

1) Die Feldheuschrecke, auch Grashüpfer genannt, streckt ihre Hinterbeine und springt hoch in die Luft.

Grüne Laubheuschrecke

1) Mit angezogenen Beinen wartet die Grüne Laubheuschrecke.

2) Plötzlich schnellt sie hoch und streckt die Beine. Beim Sprung sind ihre Beine immer gestreckt.

2) In der Luft öffnet sie die Flügel und beginnt zu fliegen. Sie unternimmt weite Reisen.

3) Bei der Landung zieht sie die Beine wieder an.

Schnellkäfer

Ein Schnellkäfer liegt auf dem Rücken. Er bewegt sich nicht und du denkst, er ist tot. Doch plötzlich schnellt er 10 cm in die Höhe, landet auf seinen Beinen und verschwindet.

Der Schnellkäfer ist ein schlauer Bursche!

Springschwänze

Springschwänze sind sehr kleine Insekten. Sie haben eine Springgabel am Hinterleib, die unter dem Bauch eingeschlagen ist. Wird sie nach hinten gestreckt, schnellt der Springschwanz in die Höhe.

Und hopp!

Sind Insekten böse?

Die meisten Insekten besitzen ein Mittel, um sich zu verteidigen. Sie beißen oder haben einen Stachel . . . Wenn du ein Insekt berührst oder es störst, fühlt es sich bedroht. Es wehrt sich, beißt oder sticht . . . Sie tun es nicht aus Bosheit, sondern aus einem Überlebensinstinkt heraus. Und die Stechmücken?
Ja, das ist eine andere Geschichte . . .

Stechmücken

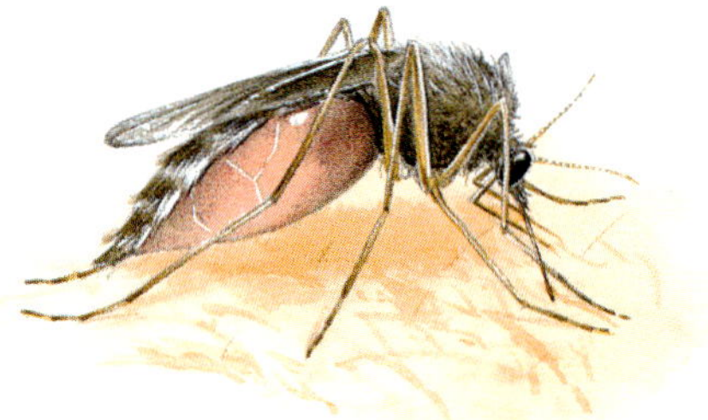

Ihr Mund sieht aus wie eine Spritze. Damit stechen sie in deine Haut, um ein Tröpfchen Blut zu saugen. Das ist ihre Nahrung.

Autsch!
Eine Mücke hat dich gestochen. Es schmerzt und juckt. Aber kratz dich nicht, sondern träufle schnell einen Tropfen Essig darauf. Schmerz und Juckreiz lassen dann nach.

Bienen

Bienen werden als Honiglieferanten gezüchtet. Manchmal geraten sie in Wut. Sei vorsichtig!

Wespen

Der Stachel der Wespe sitzt an ihrem Hinterleib. Mit ihm spritzt sie ein lähmendes Gift in den Körper ihrer Beute. Dann frisst die Wespe sie auf oder füttert damit ihre Larven.

Ameisen

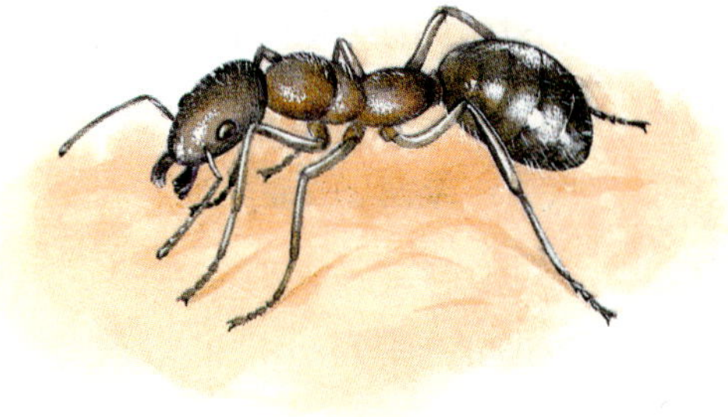

Sie rennen davon, um ihre Kameraden zu holen. Plötzlich wimmelt es von Ameisen auf deiner Hand. Zieh schnell die Hand zurück und schüttle sie ab, sie könnten dich beißen!

Zecken

Manchmal hängt eine Zecke an einem Hund. Mit ihren Häkchen hakt sie sich fest und beißt zu. Sie trinkt Blut und ihr Bauch bläht sich dabei auf wie ein Schlauch.

Bremsen

Bremsen leben meistens in der Nähe von Viehherden. Sie umschwirren aber auch Spaziergänger und lauern ihnen auf, um sie zu stechen? Warum nicht? Blut ist Blut . . .

Insektenkonzert

Insekten singen nicht wie du. Sie erzeugen keine Töne mit dem Mund, sondern sie machen Geräusche mit ihren Beinen oder ihren Flügeln. Dennoch klingt es wie Musik. Insekten machen nicht einfach zum Vergnügen Musik. Ihre Geräusche dienen dazu, den anderen mitzuteilen, dass sie da sind.

Zikade

Die Zikade sitzt in der prallen Sonne an einem Baum. Auf Grund ihrer durchsichtigen Flügel erkennt man sie kaum. Doch man hört sie deutlich: »Kssssss-ksssss.«

Feldheuschrecke

Im Sommer veranstalten die Feldheuschrecken ein wahres Konzert auf den Wiesen. Sie zirpen, indem sie ihre Beine an den Flügeln reiben.

Grille

Die Grille sitzt vor ihrer Höhle im Gras und zirpt: »Kri-kri, kri-kri.« Wenn du dich leise anschleichst, kannst du sehen, wie sie ihre Musik erzeugt: Sie reibt ihre Flügeldecken aneinander.

Was für ein Brummer!

Kennst du Insekten, die du schon im Anflug hören kannst? Das Geräusch, das sie beim Fliegen machen, kommt durch die sehr schnellen Flügelbewegungen zu Stande. Deshalb hörst du die Hummel und die Wespe brummen, aber auch das Bzzzz . . . der Stechmücke.
Andere Insekten sind ganz leise und fast nicht zu hören. Zu ihnen zählt die Fliege.

Bienen und Blumen

Bienen brauchen Blumen und Blumen brauchen Bienen. Weißt du, warum? In Blumen finden Bienen süßen Blütensaft, den Nektar, von dem sie sich ernähren. Deshalb fliegen sie den ganzen Tag von Blume zu Blume, um Nektar zu trinken.
Bei ihrer Suche nach Nektar legt sich ein feiner gelber Staub auf die Biene. Das ist der Pollen. Auf ihren Flügen transportieren Bienen den Pollen weiter. Wenn sie sich auf einer Blüte niederlassen, mischen sich die Pollen der Blüte mit dem Pollenstaub an der Biene. Nur wenn fremder Pollen in eine Blüte kommt, kann sie Samen hervorbringen.

1) Die Biene hat den Bienenstock verlassen. Angelockt vom Duft, fliegt sie zu einer Blüte.

2) Auf der Wiese blüht der Löwenzahn. Heute Morgen hat er seine Blüten geöffnet. Sie leuchten schon von weitem. Auch ihr Duft lockt die Bienen an.

3) Die Biene sammelt Nektar. Sie sitzt auf der Blüte, tritt mit ihren Beinen auf der Stelle und saugt Blütensaft. An ihren Beinen und ihrem Bauch hängt gelber Pollen. Die Biene fliegt von Blume zu Blume, und jedes Mal, wenn sie sich niederlässt, trägt sie ein wenig Pollen weiter.

Der Bienenstock

Im Bienenstock wohnen die Bienen. Dorthin bringen sie den Nektar und machen Honig daraus.

4) Die Biene hat viel Nektar gesammelt. Ihre Beine hängen voller Pollen. Es ist schwer, so beladen zu fliegen. Doch die Biene transportiert ihre Ausbeute tapfer zum Bienenstock.

5) Die Blume ist verblüht. Die Blütenblätter sind abgefallen, nur das Körbchen, auf das sich die Biene setzte, ist zurückgeblieben. Die reifen Samen fliegen davon.

Im Winter

Im Winter gibt es kleine Blumen und keine Arbeit mehr für die Bienen. Es ist kalt. Die Bienen bleiben im Bienenstock und schlafen.

Am ersten sonnigen Frühlingstag schwärmen sie wieder aus.

Marienkäfer und Co

Viele Insekten besitzen zum Schutz ihrer empfindlichen Flügel harte Flügeldecken. Oft sind diese bunt und leuchten. Wenn sie fliegen wollen, spreizen sie die Flügeldecken und schlagen mit ihren echten Flügeln, die darunter verborgen sind.

Marienkäfer

Marienkäfer sind rot oder orange und haben schwarze Punkte. Es sind sehr nützliche Insekten. Die Bauern wissen das.
Lass einen Marienkäfer auf deiner Hand krabbeln und strecke dann einen Finger in die Höhe. Er wird daran hochklettern, einen Augenblick auf deiner Fingerspitze ausruhen und dann . . . Gute Reise!

Im Flug

Der Marienkäfer spreizt seine Flügeldecken und entfaltet seine Flügel. Sie sind durchsichtig, sehr zart und zerbrechlich.

Hirschkäfer

Hirschkäfer leben in der Nähe von Eichen. Abends kannst du sie dort fliegen sehen. Sie haben große, scharfe Zangen. Mit ihnen kämpfen sie auch untereinander.

Im Flug

Die Zangen sind sehr schwer. Der Hirschkäfer muss seinen Kopf beim Fliegen ganz gerade halten, damit er sie tragen kann.

Maikäfer

Sie leben in Gärten und Hecken. Am Abend schwärmen Maikäfer um die Bäume. Manchmal stoßen sie mit dem Kopf gegen ein erleuchtetes Fenster. Maikäfer gehören zur Familie der Skarabäen.

Im Flug

Der Maikäfer spreizt die braunen Flügeldecken, damit seine richtigen Flügel hervorkommen, so wie der Marienkäfer.

Luftschiffer und Wasserläufer

Insekten leben am Wasser, auf dem Wasser, im Wasser, einfach überall! Morgens und abends sind besonders viele Stechmücken unterwegs. Wenn du nicht gestochen werden willst, solltest du mitten am Tag zum Weiher gehen.

Libellen

Libellen fliegen häufig direkt über dem Wasser. Sie fliegen sehr schnell und ihre zarten, durchsichtigen Flügel vibrieren dabei. Sie können auch in der Luft stehen bleiben. Ihr Körper ist lang und dünn, ihre Augen sind riesengroß. Sie jagen kleine Fluginsekten.

Wasserläufer

Wasserläufer haben einen feinen Haarfilz an ihren Beinen, der sie wie eine Schwimmhilfe trägt. Die kurzen Vorderbeine dienen zum Nahrungsfang, die mittleren Beine sind das Steuer, mit den großen Beinen weiter hinten rudern sie. Sie haben auch Flügel und können fliegen.

Libellenlarve

Ist das eine Libelle? Nein, es ist die Haut einer Libellenlarve, aus der eine Libelle geschlüpft ist. Die Larve kommt aus dem Wasser, häutet sich und wird zur Libelle.

Beim Ameisenhaufen

Du hast einen Ameisenhaufen gefunden. Schau den Ameisen zu, aber lass sie nicht auf deine Hände oder Beine krabbeln. Es ist schön, wenn sie dich kitzeln, aber manchmal zwicken sie auch! Du kannst einen kleinen Stock nehmen und mit der Spitze vorsichtig in den Ameisenhaufen stechen.

Ameisenhaufen können sehr groß sein, bis zu 1,50 Meter hoch, und eine Million Arbeiterinnen mit bis zu 5.000 Königinnen beherbergen. Die meisten Ameisenhaufen sind jedoch viel kleiner. Vielleicht findest du einen im Garten?

Sofort stürmen die Ameisen heraus und eilen von allen Seiten herbei. Unverzüglich beginnen sie damit, ihren Ameisenhaufen zu reparieren, und du kannst ihnen bei der Arbeit zusehen.

Zucker

Zerreibe ein Stück Zucker und lege es neben den Ameisenhaufen. Du musst nicht lange warten, bis die Ameisen kommen und die Körnchen abtransportieren. Wenn ein größeres Stück dabei ist, packen mehrere gemeinsam an.

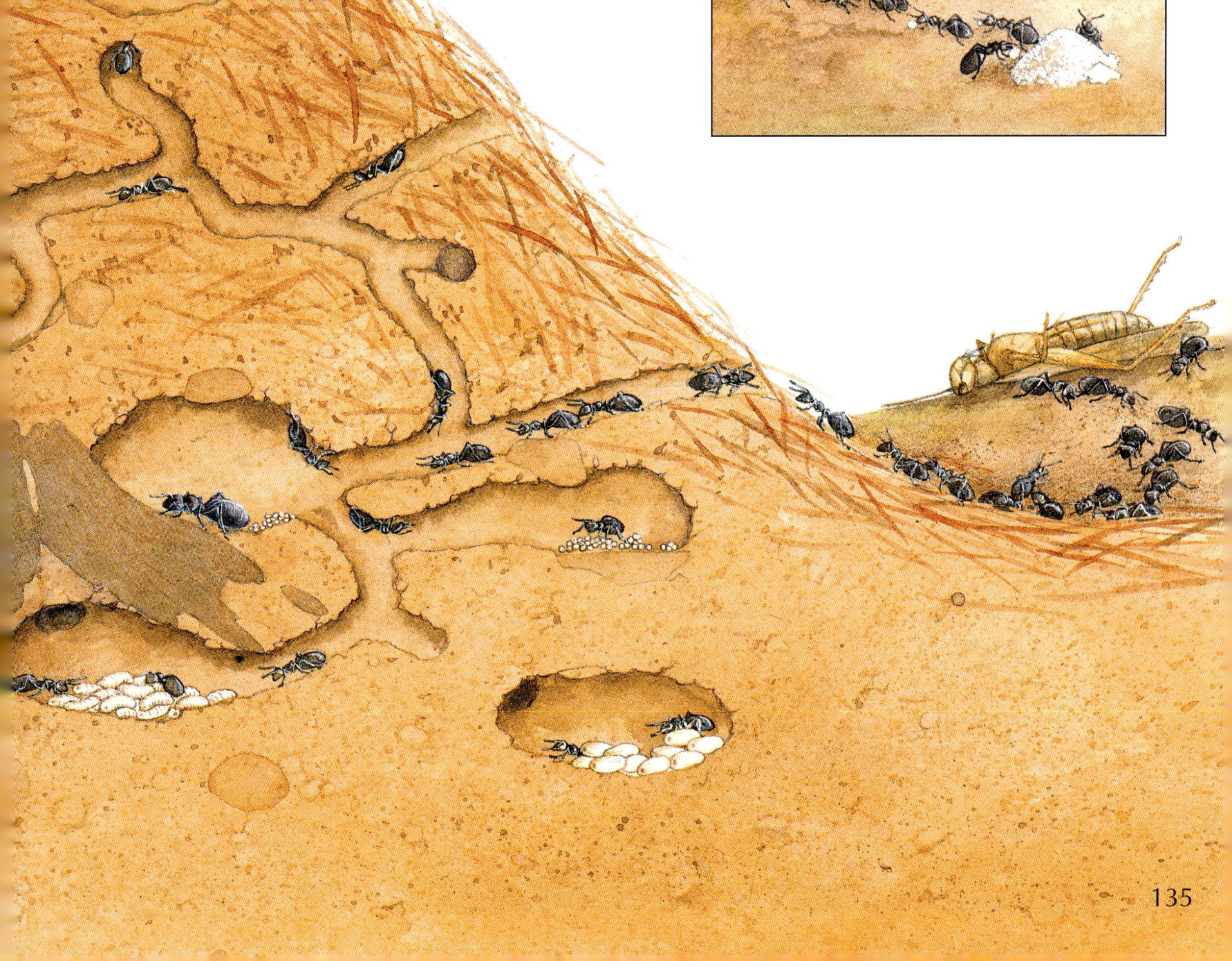

Das Spinnennetz

Im Wald, an Hecken, in alten Schuppen und sogar in Häusern wirst du ohne Mühe Spinnennetze finden. Das Spinnennetz wurde von einer Spinne gebaut, um darin Insekten zu fangen. Wer ihr ins Netz geht, wird gefressen.

Frau Kreuzspinne spinnt ihr Netz aus einem Seidenfaden. Sie wirft einen Faden in den Wind. Irgendwo bleibt der Faden immer hängen.

Wenn der erste Faden gespannt ist, webt die Kreuzspinne den Rahmen für ihr Netz. Dann spannt sie vom Rahmen aus Fäden durch die Mitte, wo sie sich kreuzen.

Zum Schluss spinnt sie einen Faden, der die Querfäden miteinander verbindet und wie eine Spirale verläuft. Dieser Faden ist klebrig. Die Beute bleibt daran hängen.

Gefangen

Geht ein Insekt ins Netz, beißt die Spinne es, sodass es sich nicht mehr bewegen kann. Dann umwickelt sie es mit einem Seidenfaden. Sie wird die Beute erst verzehren, wenn sie ihr Netz repariert hat.

Wenn du ein Spinnennetz im Wald siehst, zerstöre es nicht!

Schon unterwegs, Frau Schnecke?

»Keine Füße und keine Pfoten, nichts, womit ich gehen kann, trotzdem komme ich voran . . .« Nacktschnecken und Schnecken bewegen sich rutschend. Nachts, wenn der Tau die Pflanzen feucht gemacht hat, ist das nicht schwer. Doch bei Tag auf dem trockenen Boden kommt man nicht vorwärts. Dann sondern Nacktschnecken und Schnecken Schleim ab und kriechen darauf weiter.

Schnecken

Es heißt, Schnecken würden ihr Haus auf dem Rücken tragen. Das stimmt. Wenn sie sich fürchten oder schlafen wollen, schlüpfen sie vollständig in ihr Schneckenhaus. Dieses besteht aus einem einzigen Gang, der sich immer weiter um sich selbst dreht. Die Schnecke kann sogar die Tür schließen.

Die Augen der Schnecke sitzen auf Hörnern.

Eier

Schnecken und Nacktschnecken legen Eier. Sie sehen aus wie winzige Perlen. Schnecken vergraben sie in der Erde, Nacktschnecken verstecken sie unter Moos.

Nacktschnecken

Wenn sich eine Nacktschnecke an dich hängt, ist das ziemlich unangenehm. Sie zieht sich zusammen, als wäre sie aus Gummi, und klebt an den Fingern. Sie frisst Blätter, die sie mit ihrer langen Zunge klein raspelt. Eigentlich verschmäht sie keine Speise und frisst sogar die Kadaver kleinerer Tiere.

Die Nacktschnecke isst gerne Waldpilze.

Vorwärts, Schnecke!

Du hast eine lebende Schnecke gefunden. Langsam kam sie mit ihrem Schneckenhaus auf dem Rücken angekrochen. Auf deiner Hand hat sie sich ins Schneckenhaus zurückgezogen. Lege sie in ein Gefäß und gib ihr ein zartes Salatblatt zu fressen. Bald wird sie weiterkriechen. Pass auf sie auf, sonst läuft sie davon.

Schneckenrennen

Sammle drei oder vier Schnecken. Male auf jedes Schneckenhaus einen Punkt in einer anderen Farbe. Setze die Schnecken nebeneinander auf ein Wachstuch und lege 50 cm entfernt von ihnen ein frisches Salatblatt auf den Tisch. Auf die Plätze, fertig, los!

Auf der Hand

Befeuchte deine Hand und setze eine Schnecke darauf. Wenn sie anfängt sich zu bewegen, spürst du ihre Sohle. Es kitzelt!

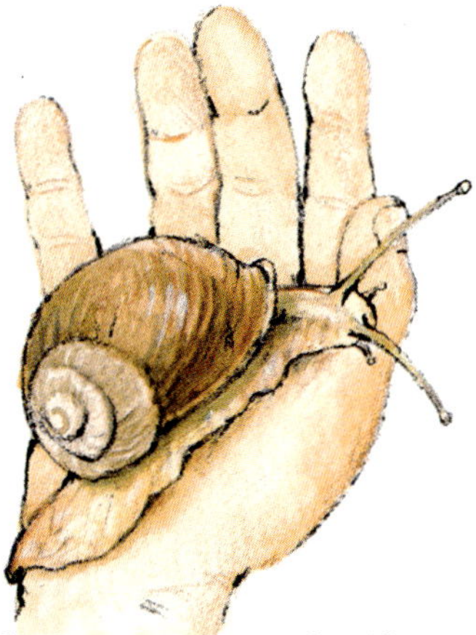

Auf einer Glasscheibe

Jetzt fürchtet sie sich nicht mehr und du kannst sie vorsichtig am Schneckenhaus halten und auf eine Glasscheibe setzen. Sie klebt sich sofort fest.

Beobachte von der anderen Seite der Glasscheibe, wie sie vorwärts kriecht. Siehst du die Schleimspur, die sie hinterlässt?

Schneckenhäuser sammeln

Du brauchst nicht lange zu suchen, leere Schneckenhäuser findest du überall. Sie sind verschieden groß und haben unterschiedliche Farben. Doch alle haben dieselbe Form: gewunden wie eine Schnecke. Ordne sie nach Größe oder Farbe und klebe sie auf ein festes weißes oder schwarzes Papier.

Eidechsen

Bei Sonnenschein sieht man viele Eidechsen an Mauern, Felsen oder Baumstümpfen. Sie lieben die Hitze. Der Stein wärmt ihren Bauch, die Sonne brennt ihnen auf den Rücken. Nachts, oder wenn es regnet, ziehen sie sich in ihre Höhlen zurück. Zum Überwintern graben sie sich ein und schlafen unter der Erde. Eidechsen legen kleine weiße Eier in die Erde. Die Eier haben eine weiche Schale. Die Sonne brütet sie aus.

1. Beim Gehen mache ich gleichzeitig einen Schritt mi der linken Vorder- und der rechten Hinterpfote.

Sich häuten

Im Sommer häutet sich die Eidechse einmal im Monat. Die alte Haut wird abgestreift. Eine neue, leuchtende Haut liegt bereits darunter.

1. Mein altes Kleid ist völlig ausgetrocknet und fällt in Fetzen von mir ab. Höchste Zeit, es auszuwechseln.

2. Dann setze ich meine rechte Vorder- und meine linke Hinterpfote nach vorn.

3. Klar, das geht nur, wenn ich mich schlängle. Trotzdem kann ich schnurgerade gehen.

Eine Eidechse zähmen

Eine Eidechse in der Sonne. Du kennst sie. Sie kommt fast jeden Tag hierher, es ist ihr Stammplatz. Überrasche sie mit einem Tropfen Honig, einem Insekt oder Mehlwürmern, die du hier für sie auslegst. Setz dich daneben und bewege dich nicht. Die Eidechse wird ihre Angst vor dir verlieren und dir vielleicht eines Tages aus der Hand fressen.

2. Die kleine Eidechse reibt sich an einem Ast. Wann bin ich die alte Haut endlich los?

3. Geschafft! Hier siehst du mich in meiner neuen Haut. Wunderschön! Wenn du mein altes Schuppenkleid findest, darfst du es mit nach Hause nehmen.

Regenwürmer

Sie sind zahllos und leben überall unter der Erde. Nicht immer kann man sie sehen. Wenn die Erde trocken ist, bohren sie sich tief ins Erdreich hinein. Wenn es geregnet hat, kommen sie an die Oberfläche. Eines ihrer Körperglieder sieht aus wie ein Gürtel und enthält Gift. Die Vögel wissen das und hüten sich davor, es zu verspeisen.

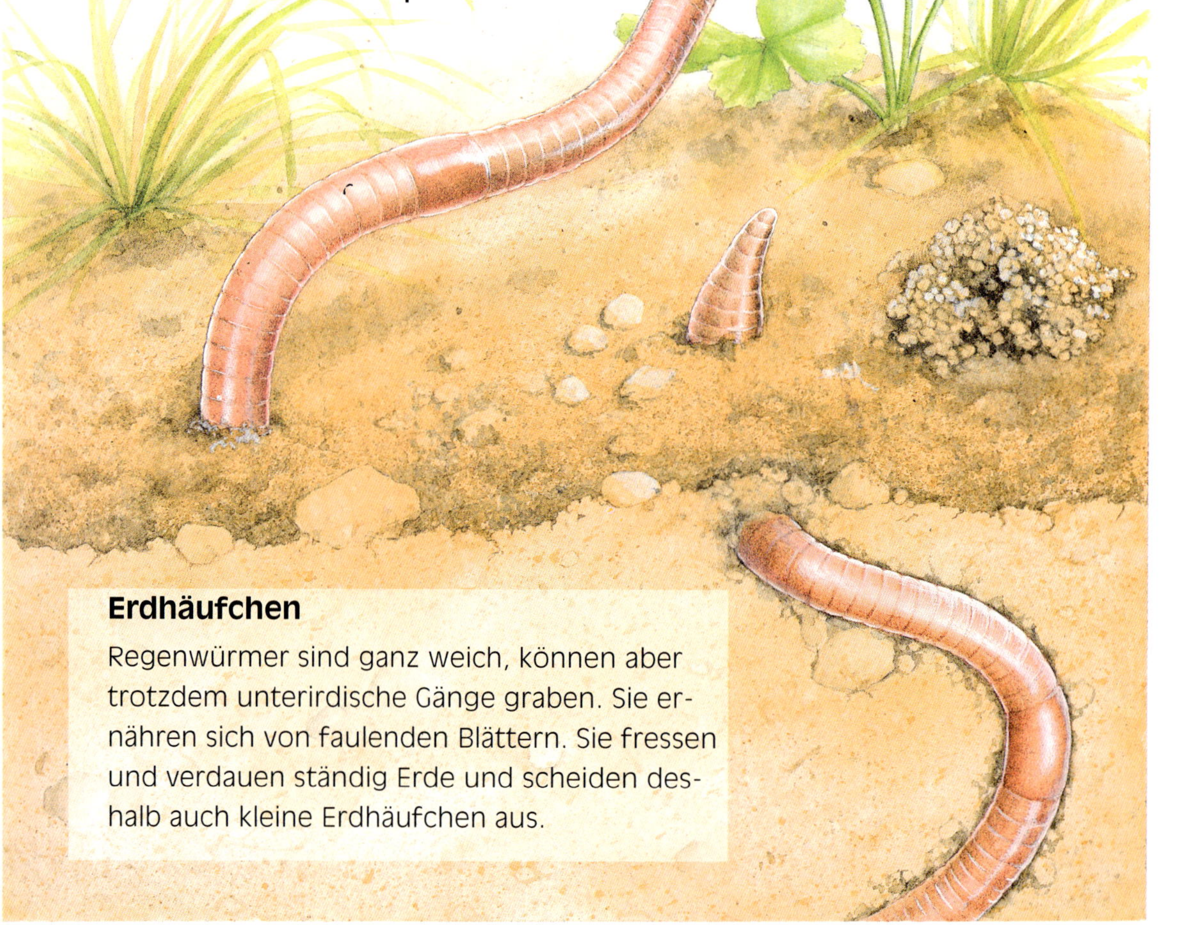

Erdhäufchen

Regenwürmer sind ganz weich, können aber trotzdem unterirdische Gänge graben. Sie ernähren sich von faulenden Blättern. Sie fressen und verdauen ständig Erde und scheiden deshalb auch kleine Erdhäufchen aus.

Wurm gegen Vogel

Regenwürmer sind die Lieblingsspeise von vielen Vögeln. Und ein Wurm kann sich kaum verteidigen. Glück hat, wer noch in seinem Loch steckt. Er hakt sich mit seinen Borsten fest. Unter der Lupe kannst du die Borsten sehen.

Ein Gehege

Nimm zwei durchsichtige Plastikscheiben und etwas Holz und baue einen Kasten mit zwei Sichtfenstern. Gebe abwechselnd eine dunkle und eine helle Schicht Erde hinein, ganz oben etwas moderndes Laub. Darauf legst du die Regenwürmer. Sie werden sich ins Erdreich graben. Halte die Erde stets feucht.

6 – SONNE REGEN, WIND

Tropf, tropf,
Wolke schwer!
Tropf, tropf,
Schirmchen her!
Tropf, tropf,
Der Sturm zieht fort.
Sonne hier,
Regen dort.

Licht und Schatten

Du kannst es anstellen, wie du willst, deinen Schatten kannst du nicht einholen. Wenn du die Sonne im Rücken hast, liegt dein Schatten vor dir. Trotzdem ist es unmöglich, auf ihn zu springen.

Der Baum bleibt immer, wo er ist. Nur die Zweige bewegen sich. Dennoch wandert sein Schatten den ganzen Tag.

10 Uhr vormittags

Stelle dich in den Schatten eines Baumes. Er ist sehr lang.

12 Uhr mittags

Der Schatten ist kürzer geworden und näher an den Baum gerückt.

Bei Mondschein

Im Schatten des Baumes ist es ganz finster.

16 Uhr nachmittags

Der Schatten wandert mit der Sonne. Er fällt nun hinter den Baum.

18 Uhr abends

Die Sonne steht tief am Himmel. Der Schatten wächst und wird riesengroß.

Wolkenbilder

Betrachte die Wolken. Eine ähnelt einem Fisch. Und die dort hat Flügel wie ein Vogel. Der Wind treibt sie weiter. Der Fisch taucht ins Wolkenmeer, der Vogel fliegt davon.

Ein Bär, der auf dem Rücken liegt . . . Es ist eine Kumuluswolke. Sie verheißt gutes Wetter.

Große Watteflocken schweben am blauen Himmel. Eindeutig Schönwetter-Wolken!

Diese dicke Wolke wächst immer schneller und immer höher. Sie bringt Sturm.

Der Himmel überzieht sich mit dunklen grauen Wolken. Bald wird es regnen.

Wenn es regnet

Die Wolken kommen vom Meer. Sie sind sehr leicht und ziehen sehr weit, bis sie eines Tages als Regen auf die Erde herabfallen.

Nieselregen

Ein sehr feiner Regen, bei dem man trotzdem tüchtig nass wird. Ohne Regenmantel geht da nichts.

Nebel

Eine Wolke ist bis auf den Boden herabgesunken. Du stehst im Nebel!

Regenschauer

Eine große Wolke verdunkelt den Sommerhimmel: Es regnet. Wenn sie weiterzieht, klart es auf und wird wieder schön.

Sturm

Der Himmel wird schwarz. Der Wind tobt. Es blitzt und donnert. Schnell, bringt euch in Sicherheit!

Schnee

Weiße Flocken wirbeln durch die Luft und lassen sich sanft auf der Erde nieder.

Hagel

Kleine Eiskörner prasseln auf dich herab. Stell dich unter, sonst tun sie dir weh.

Pitsch! Patsch!

Die Frösche quaken vor Freude und die Kinder freuen sich auch. An einem heißen Sommertag macht es Spaß, durch den warmen Regen zu hüpfen.

Warme Dusche

Ein Sommertag. Der Himmel ist bewölkt. Manchmal blitzt die Sonne durch die Wolkendecke. Wenn es jetzt zu regnen beginnt, schlüpfe schnell in deine Badesachen und laufe hinaus. Eine Regendusche ist eine feine Sache! Doch Vorsicht! Bei Sturm solltest du im Haus bleiben.

Es duftet

Im Sommer sind die Tage heiß und trocken. Wenn es nach Tagen zu regnen beginnt, dann geh hinaus und stell dich unter.
Große Tropfen fallen herab. Der Regen mischt sich mit der trockenen Erde. Und wie es jetzt duftet! Wirklich ein ganz besonderer Geruch: der Duft der Erde.

Der Regenbogen

Der Regen hat noch nicht aufgehört und schon scheint wieder die Sonne. Jetzt kannst du nach einem Regenbogen Ausschau halten. Ein riesiger Bogen spannt sich über den Himmel und leuchtet in allen Farben. Manchmal siehst du auch nur ein kleines Stück davon.

Das Regenkonzert

Lass dein Fenster offen und schau hinaus. Es ist schön, wenn es draußen regnet. Die Tropfen prasseln auf die Blätter. Sie wiegen sich im Regen, der Staub wird weggewaschen, die Farben leuchten. Und du hörst das Regenkonzert: wie die Tropfen aufs Dach prasseln, wie die Bäume im Regen rauschen, wie es im Gras platscht.

Wind

Womit hast du deine Geburtstagskerzen ausgeblasen? Mit Wind. Wind ist Luft, die sich bewegt. Man sagt, der Wind bläst.

Der Wind trägt Stimmen weiter

Stell dich mit dem Rücken in den Wind. Dein Freund steht dir gegenüber, der Wind bläst ihm ins Gesicht. Er entfernt sich rückwärts von dir, während du »Hu! Hu!« rufst. Wenn er dich nicht mehr hören kann, gibt er dir ein Zeichen. Jetzt ruft er »Hu! Hu!«. Du hörst ihn nicht. Er kommt näher und ruft immer wieder. Irgendwann hörst du ihn wieder. Die Stimme reicht weiter, wenn der Wind sie fortträgt.

Ein Windhauch streicht um deine Nase.

Bläst er stärker, zaust er an deinem Haar.

Weht er noch stärker,
hebt er dein Kleid.

Manchmal wird er wild und
rüttelt an allem. Dann ist Sturm.

Windspiele

Der Wind treibt dich an, der Wind stellt sich dir entgegen. Der Wind ist eine Kraft. Du kannst ihn zum Spielen nutzen.

Windräder

1) Schneide aus Papier ein Quadrat von 20 cm Seitenlänge. Nimm ein Lineal und zieh die Diagonale von einer Ecke zur anderen, dann die zweite Diagonale. Jetzt verschönerst du dein Papier mit bunten Streifen. Dann schneidest du die Diagonalen von jeder Ecke zur Mitte hin zu etwa dreiviertel auf.

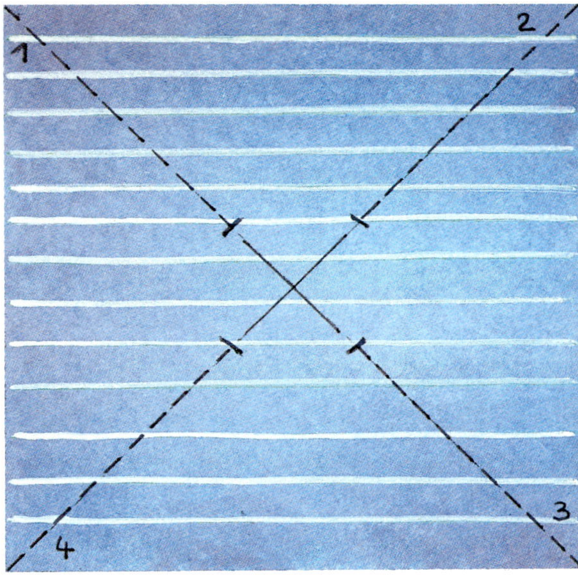

2) Nimm die linke Seite der aufgeschnittenen Ecken und biege sie so zur Mitte, dass du sie mit den Finger zusammenhalten kannst. Dabei darfst du sie nicht falten. Spieße die Ecken auf eine Nadel und bohre die Nadel durch die Mitte des Quadrats. Dann befestigst du die Nadel an einem kurzen Stock.

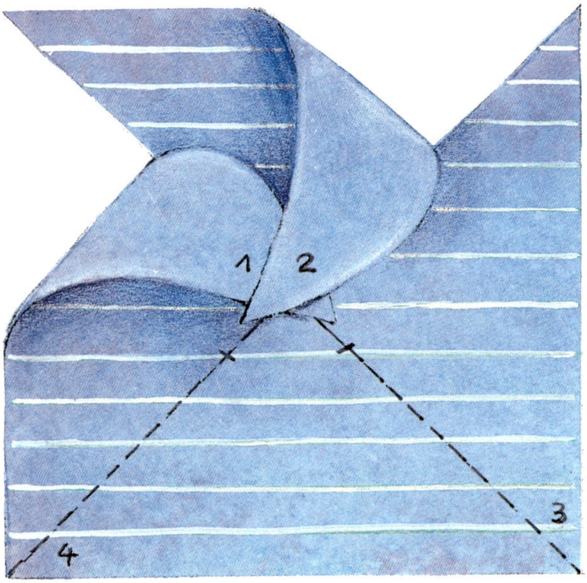

Wenn du das Windrad in den Wind hältst oder damit losläufst, dreht es sich.

Hubschrauber

Er steigt nicht, sondern wirbelt hinunter. Ein Superspaß, denn es ist ganz leicht, ihn nachzubauen. Folge einfach genau der Zeichnung.

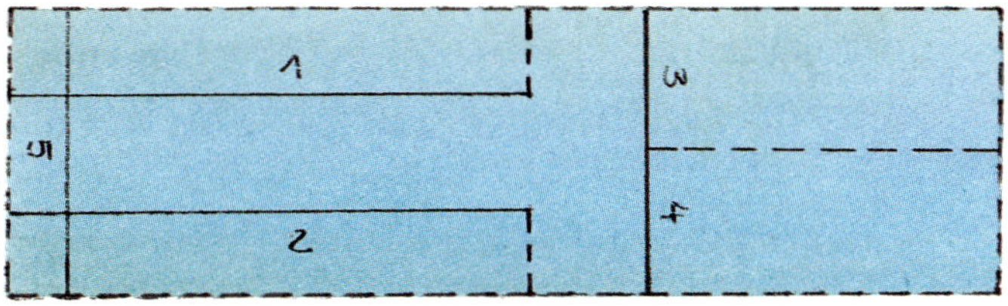

1) Zeichne zuerst die Linien ein. Schneide dann das Papier entlang der gestrichelten Linien.

2) Als Nächstes faltest du das Papier an den durchgezogenen Linien.

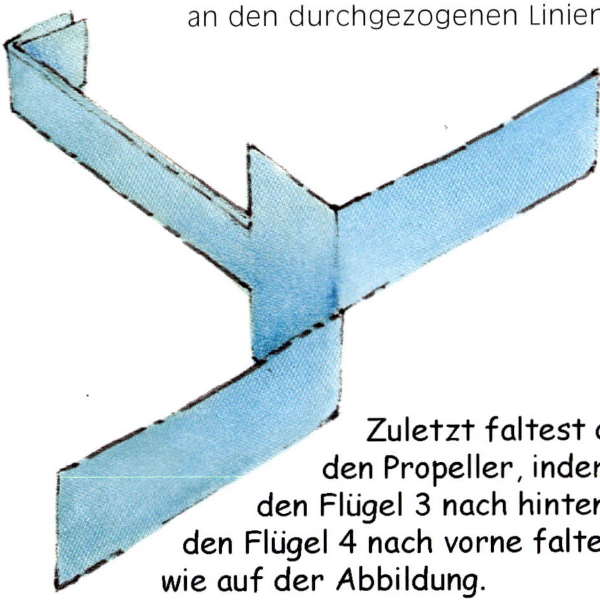

Zuletzt faltest du den Propeller, indem du den Flügel 3 nach hinten und den Flügel 4 nach vorne faltest wie auf der Abbildung.

Er fliegt

Starte den Hubschrauber aus möglichst großer Höhe. Kreiselnd fliegt er zu Boden.

7 – WASSER

Das Wasser fließt, nichts hält es auf.
Was weißt du über seinen Lauf?
Wo fließt es hin?
Wo kommt es her?
Das interessiert
mich sehr!

Alles Wasser fließt zurück ins Meer

Gieße mit einer
Gießkanne Wasser
auf die Erde.

Ein Wolkenbruch: Regenwasser rinnt über den Boden, die Rinnsale fließen in einen Bach.

Das Wasser, das im feuchten Erdreich versickert, geht ebenfalls auf Wanderschaft. In winzigen Wasseradern fließt es ins Grundwasser, wo es sich in großen unterirdischen Seen und Flüssen sammelt.

Das Wasser versickert im Erdreich.

Vohin rinnt es? /ielleicht fließt es rgendwann ins Meer . . .

Bäche und Grundwasser speisen den Fluss. Der Fluss fließt in einen Strom, der Strom mündet ins Meer.

st die Reise nun zu Ende? Ja, aber das Wasser verdunstet an der Meeresoberfläche. Es bilden sich Wolken aus Wasserdampf, der später als Regen wieder auf die Erde fällt.

Fließende Gewässer

Das Regenwasser prasselt auf die Erde. Es verschwindet nicht, sondern fließt in einen Bach, einen Fluss und ins Meer.

Wildbäche

Das Wasser springt über die Felsen. Es wirbelt und bildet Strudel. Spring von einem Stein zum anderen, wenn du hinüberwillst!

Wasserfälle

Um ein Hindernis zu überwinden, stürzt das Wasser den Felsen hinunter. Es spritzt nach allen Seiten und bildet einen kühlen Sprühnebel.

Bäche

Ein Bach ist nicht breit. Mit einem Sprung ist man am anderen Ufer. Er ist auch nicht tief, doch wenn es regnet, schwillt er mächtig an.

Flüsse

Die Bäche münden in Flüsse und füllen sie mit ihrem Wasser. So wird ein Fluss breiter und tiefer.

Eis

Wenn der Winter sehr kalt ist, wird das Wasser zu Eis und der Fluss friert zu.

Trockenes Flussbett

Wenn der Sommer sehr heiß ist, kann der Fluss versiegen. Doch bald führt er wieder Wasser.

ein Strom

Der Strom ergießt sich ins Meer. Häufig ist er sehr breit. Majestätisch fließt er dahin.

Wasserspiele

Regenwasser versickert im Erdreich. Unter der Erde läuft es durch Stein- und Sandschichten. An der Quelle kommt es gereinigt wieder ans Tageslicht.

Ein Wasserfilter

Wasche zuerst den Kies, dann den Sand in einem Becken. Dann nimmst du eine zugeschraubte, leere Plastikflasche. Schneide den Flaschenboden ab und bohre ein kleines Loch in den Schraubverschluss. Fülle die Flasche wie in der Abbildung und stelle sie mit dem Verschluss nach unten in ein Gefäß.
Mische Erde mit Wasser und gieß die braune Mischung in die Flasche. Jetzt musst du warten . . .
Tropfen für Tropfen rinnt das Wasser aus dem Loch im Schraubverschluss. Es ist nicht mehr erdig und fast sauber. Das Wasser ist gefiltert. Trinken kannst du es aber nicht.

Du benötigst:

feinmaschigen Stoff

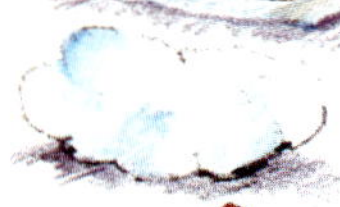
Watte

Kies

groben Sand

feinen Sand

Ein kleines Wasserrad

Für Halterung, Achse und Schaufeln benötigst du zwei Astgabeln, einen Stock und zwei Planken aus Kastanien- oder Haselnussholz. Befestige die Astgabeln am Rand des Wassers und achte darauf, dass sich die Gabelungen auf gleicher Höhe befinden.

Bauplan

Der Stock für die Achse muss gerade sein. In seiner Mitte bringst du zwei Schlitze im rechten Winkel zueinander an.

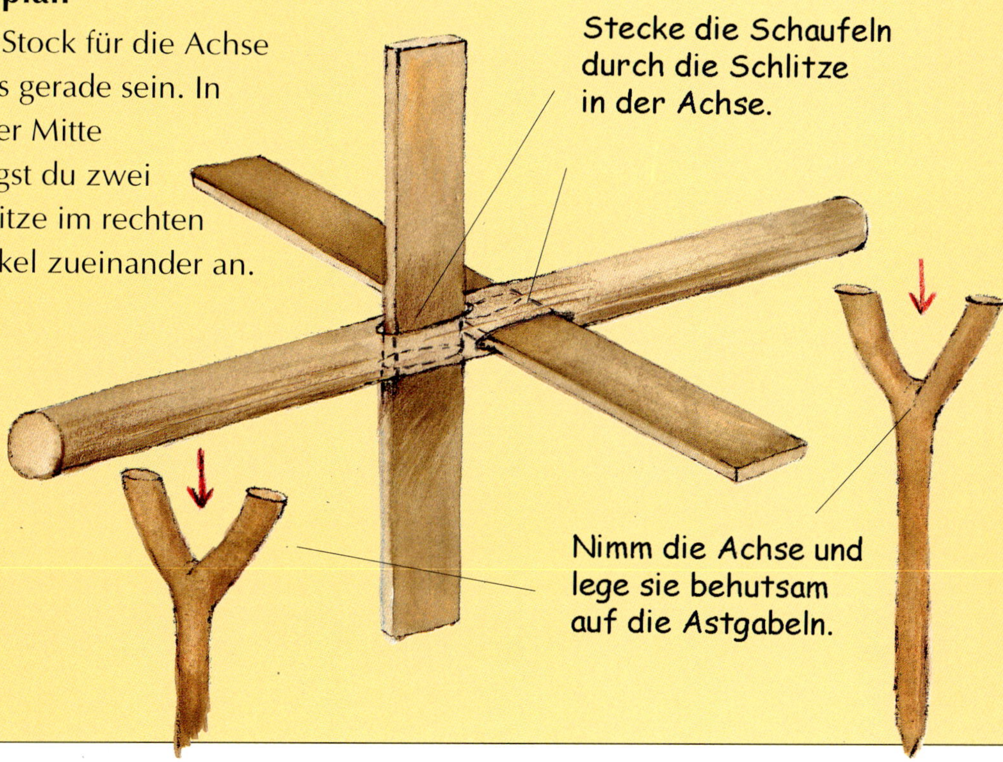

Spring, Kieselstein, spring . .

Woher kommen die Kieselsteine? Sie stammen von einem Felsen, de in tausend Stücke zerbrochen ist. Jedes Stück wurde zum Kieselstein. Und irgendwann werden die Kieselsteine zu Sandkörnern.

Felsen

Im Gebirge ragen hohe Felsen in den Wildbach.

Felsbrocken

Große Gesteinsbrocken haben sich von den Felsen gelöst. Das Geröll liegt wild umher.

Flusskiesel

Die Kieselsteine entlang des Wildbachs sind glatte Geröllstücke, die er rund geschliffen und blank poliert hat.

Bemalte Kieselsteine

Sieh dir einen Kieselstein genauer an. Erinnert dich seine Form an etwas? Könntest du das nicht auf ihn malen? Vielleicht siehst du ja sogar ein Gesicht!

Kies

Kies besteht aus kleinen Kieselsteinen.

Sand

Betrachtest du ein Sandkorn durch die Lupe, siehst du einen winzig kleinen Kieselstein.

Bäume, die das Wasser lieben

Wie wir Menschen, so brauchen auch Pflanzen Wasser zum Leben. Nicht nur, weil sie durstig sind, sie nehmen mit dem Wasser auch die notwendigen Nährstoffe auf. Die Wurzeln saugen das Wasser aus dem Boden. Und wenn es nicht regnet und der Boden ausgetrocknet ist? Bei großer Dürre können die Pflanzen nicht mehr wachsen und laufen Gefahr, abzusterben.

Nährstoffe im Wasser

Wirf ein Stück Zucker in ein Glas Wasser! Es löst sich auf und ist nicht mehr zu sehen. Wenn du das Wasser trinkst, dann nimmst du den Zucker zu dir. Auch im Wasser, das die Pflanzen trinken, sind gelöste Nährstoffe enthalten. Du kannst sie nicht sehen, aber für den größten Baum und den kleinsten Grashalm sind sie unverzichtbar.

Zieh und pflanze eine Weide

Schneide im Winter einen kleinen Zweig von einer Weide ab. Daraus ziehst du deinen Steckling. Stelle ihn in ein Wasserglas an ein helles Fenster, damit er Wurzeln treibt. Wenn die Wurzeln fingerlang sind, pflanzt du deinen Steckling in einen Blumentopf. Im Frühling kannst du ihn am Ufer einpflanzen. Dort wird er zum Baum heranwachsen.

Nach wenigen Wochen treibt der Steckling Wurzeln.

Vergiss nicht ihn zu gießen!

Mit den Füßen im Wasser

Einige Bäume stehen mit den Füßen im Wasser. Ihre Wurzeln überziehen die Uferböschung und reichen in den Uferschlick. Pappeln, Weiden und Erlen säumen den Wasserlauf.

Stehende Gewässer

Der Tümpel ist ein stehendes Gewässer. Dies bedeutet, dass kein Bach durch ihn fließt. Er ist ein Gewässer ohne Strömung und ohne Wellen.

Pfütze

Nach einem Regenschauer sammelt sich das Wasser in den Vertiefungen des Weges. Dann kannst du durch Pfützen waten.

Tümpel

Der Tümpel füllt sich durch Regenwasser. Deshalb ist er im Sommer oft trocken. Dennoch bleibt die Erde am Grund feucht.

Teich

Der Teich wird von einer Quelle gespeist. Er bildet den Lebensraum für viele Pflanzen, deren Wurzeln ins Wasser reichen. Unter dem Schilf verbergen sich Kröten und Frösche.

See

Der Bergsee liegt in einer Senke, die von Felsen umgeben ist. Sein Wasser ist kristallklar und völlig unbewegt. Von weitem sieht er aus wie ein Spiegel. Die Bäume spiegeln sich in ihm.

Plumps . . . plumps!

Wenn du ans Ufer trittst, hörst du, wie es plumpst und quakt. Um dich herum stürzen sich die Tiere in den Teich. Du hast sie erschreckt. Wappne dich mit etwas Geduld und bleib reglos stehen. Schon nach kurzer Zeit werden sie wieder an ihre gewohnten Plätze zurückkehren.

Enten

Mutter Ente zeigt ihren Entenküken den Teich. Kaum sind sie geschlüpft, schwimmen sie auch schon.

Froschlaich und Kaulquappen

Im Schilf hat der Frosch seine durchsichtigen Eier abgelegt. Der Laich klebt an Pflanzenstängeln. Die schwarzen Punkte in der Mitte werden wachsen und sich zu Kaulquappen entwickeln.

Karpfen

Diese großen Fische können sehr alt werden. Sie wühlen im Schlick nach Würmern und Larven.

Frösche

Der Frosch sitzt gern auf einem Seerosenblatt. Wenn er quakt, siehst du, wie sich seine Kehle aufbläht. Besonders lieblich klingt sein Gesang nicht, aber die andern Frösche stimmen ein und quaken mit ihm um die Wette.

Fische

Sie sind schreckhaft und verstecken sich oft unter Steinen. Bitte einen Angler seinen Kescher ins Wasser zu halten. Hast du Glück, wird er voller Fische sein, wenn er ihn wieder herausholt. Der Angler kann dir die Namen der Fische sagen.

Weißfisch

Ein silberner Funke im Wasser.
Die Schuppen des Weißfischs glitzern
in der Sonne.

Hecht

Der Hecht ist ein großer Jäger.
Alle Fische im Teich fürchten ihn.

Papa, Mama, sag, warum . . .

Warum darf man keine Äste abbrechen?
Warum darf man im Wald kein Feuer machen?
Warum darf man keine Steine in den Tümpel werfen?
Weil wir die Natur achten. Sie ist unser Freund. Und wenn wir spazieren gehen, freuen wir uns, wenn sie nicht verschmutzt ist.

Warum darf man im Wald nicht wild umherstreifen?

Weil wir junge Bäume nicht gefährden wollen. Sie sind genauso verletzlich wie wir. Besonders wenn sie noch klein sind.

Warum darf man keine Voge nester anfassen?

Weil sich in den Nestern oft Eier und Küken befinden. Wenn das Nest berührt wird, kehren die Vogeleltern nicht zu ihm zurück.

Warum darf man im Wald keine Bonbonpapierchen und anderen Müll zurücklassen?

Weil es sehr lange dauert, bis sie verrotten. Bei all unserem Abfall würde der Wald bald aussehen wie eine Müllhalde. Nimm deshalb deine Abfälle wieder mit nach Hause und wirf sie dort in die Mülltonne.

Nichts zurücklassen . . .

Hinterlasse keine Spur, wenn du durch die Natur streifst. Nur die Abdrücke deiner Schritte im Schlamm oder im Staub auf dem Weg und, wenn du mal musst, ein wenig Pipi hinter einem Baum, wo auch das Kaninchen seine Losung hinterlässt.

Verzeichnis all dessen, was du in diesem Buch findest

*Die mit * gekennzeichneten Einträge verweisen auf eine Spiel- oder Bastelanleitung.*